助农致富系列丛书

虾蟹类高效养殖与疾病防治技术

姜玉声 ◎ 主编

XIAXIELEI GAOXIAO YANGZHI YU
JIBING FANGZHI JISHU

中国纺织出版社有限公司

图书在版编目（CIP）数据

虾蟹类高效养殖与疾病防治技术 / 姜玉声主编. -- 北京：中国纺织出版社有限公司，2025.3

（助农致富系列丛书）

ISBN 978-7-5229-1363-6

Ⅰ.①虾… Ⅱ.①姜… Ⅲ.①虾类养殖②养蟹③虾病－防治④蟹类－动物疾病－防治 Ⅳ.①S966.1②S945

中国国家版本馆CIP数据核字（2024）第033527号

责任编辑：罗晓莉　国　帅　　责任校对：王花妮
责任印制：王艳丽

中国纺织出版社有限公司出版发行
地址：北京市朝阳区百子湾东里A407号楼　邮政编码：100124
销售电话：010—67004322　传真：010—87155801
http://www.c-textilep.com
中国纺织出版社天猫旗舰店
官方微博 http://weibo.com/2119887771
天津千鹤文化传播有限公司印刷　各地新华书店经销
2025年3月第1版第1次印刷
开本：880×1230　1/32　印张：5.5
字数：142千字　定价：49.8元

凡购本书，如有缺页、倒页、脱页，由本社图书营销中心调换

本书编委会

主　编　姜玉声（大连海洋大学）
副主编　左然涛（大连海洋大学）
　　　　　叶仕根（大连海洋大学）
参　编（按姓氏笔画为序）
　　　　　包鹏云（大连海洋大学）
　　　　　卢亚楠（大连海洋大学）
　　　　　李冰玉（大连海洋大学）
　　　　　黄　姝（大连海洋大学）

前　　言

　　虾蟹类与陆生昆虫等均属于节肢动物门，顾名思义，它们具有分节的肢体。与其他节肢动物不同，虾蟹类具有鳃，它们多生活在水中，外被坚硬而愈合的外骨骼（甲壳），因此被划分为甲壳动物亚门。迄今已鉴定的甲壳动物超过了 38000 种，其形态各异，分布广泛，适应性强。称为虾蟹类的甲壳动物也有上万种，我们熟知的龙虾、螃蟹、对虾、真虾等是具有较高经济价值的种类，其胸部附肢发达，后 5 对形成步足，具有爬行、捕食或御敌的作用，分类上属于软甲纲十足目。十足目是甲壳动物中最大的一个目，又下分为枝鳃亚目和腹胚亚目。枝鳃类的鳃呈树枝状；腹胚类则是因其产卵后抱于腹部完成胚胎发育而得名。我们所说的虾包括枝鳃亚目中的对虾类和樱虾类，以及腹胚亚目中的猬虾类和真虾类；而真正的蟹指的是腹胚亚目中的短尾下目种类；另外一些介于虾、蟹之间的十足目种类，则属于螯虾下目（克氏原螯虾、蝲蛄）、海蛄虾下目（大蝼蛄虾、泥虾、美人虾）、龙虾下目（锦绣龙虾、杂色龙虾）或歪尾下目（寄居蟹、椰子蟹、帝王蟹）。

　　虾蟹类是世界公认的高蛋白质水产品。我国江河湖海水域辽阔，虾蟹种类众多，资源丰富，历来为百姓餐桌上的美味佳肴，在很多地区形成了浓郁的餐饮文化。20 世纪 80 年代以来，随着捕捞技术的进步，虾蟹类自然资源开始逐渐减少。2000 年以后，在捕捞强度增加及近岸环境与栖息地被破坏的双重压力下，虾蟹类自然资源出现严重衰减，所造成的市场供需矛盾更使研究虾蟹类、保护与合理利用资源、发展增养殖业备受关注。随着以中国对虾为代表的对虾类和以中华绒螯蟹为代表的蟹类等重要经济种类人工育苗技术的突破，以及凡纳滨对虾（南美白对虾）引种成功，我国虾蟹养殖业开始快速发展，其中还伴随着斑节对虾、日本囊对虾等种类的兴起。斑节

对虾、日本囊对虾、克氏原螯虾、罗氏沼虾、日本沼虾、三疣梭子蟹、青蟹等种类养殖的兴起，目前，在虾蟹类苗种繁育、养殖、加工、物流、销售、文旅等领域，已形成庞大而稳定的产业链，在我国渔民致富、乡村振兴中发挥了重要作用。

2022年，我国养殖虾蟹类产量约685万吨，其中海水种类约占195万吨，淡水种类约490万吨，虾蟹养殖业已成为我国水产业的重要支柱，其生物学及养殖技术也备受从业者关注。在中国纺织出版社的组织下，我们编写了《虾蟹类高效养殖与疾病防治技术》一书，可为养殖从业者、技术人员提供应用基础理论与生产技术方面的参考，亦可作为科研人员的参考书。本书内容以深入浅出、接近生产为原则，在系统介绍虾蟹类生物学的基础上，结合本领域国内外科学研究和生产技术的最新进展，通过生产案例及现场视频的辅助讲解，力求做到理论联系实际，易学易懂。

本书由大连海洋大学姜玉声主编，负责第一章与第二章的撰写，左然涛、叶仕根任副主编，分别负责第一章营养需求部分与第三章的撰写，包鹏云、卢亚楠、李冰玉、黄姝等教师参加了部分章节内容的讨论及图文编辑、校对等工作，全书由姜玉声进行统稿。在编写过程中，感谢沈阳农业大学、盘锦光合蟹业有限公司、广州利洋水产科技股份有限公司等单位的大力支持和帮助。此外，由于虾蟹类研究与养殖生产领域发展迅速，编者水平有限，书中难免存在错误和不当之处，请予谅解，同时恳请广大读者进一步提出改进意见与建议。

编　者
2023年11月

在解决病害问题时，执业兽医师可以根据实际情况确定最佳治疗方案。在生产实际中，所用药物学名、通用名和实际商品名称有差异，药物的剂型和规格也有所不同，建议读者在使用每一种药物前，参阅厂家提供的产品说明书以确定药物的用法、用量、用药时间、注意事项及休药期等。——出版者注

目　录

第一章　虾蟹类养殖生物学 ………………………… 1
　第一节　外部形态 ………………………………… 1
　第二节　内部构造 ………………………………… 6
　第三节　生物学习性 ……………………………… 21

第二章　虾蟹类繁育与养殖技术 …………………… 77
　第一节　对虾养殖模式与技术 …………………… 77
　第二节　蟹类养殖模式与技术 …………………… 96
　第三节　观赏虾蟹类养殖技术 …………………… 105

第三章　虾蟹类病害防控技术 ……………………… 131
　第一节　对虾白斑综合征 ………………………… 131
　第二节　对虾杆状病毒病 ………………………… 134
　第三节　桃拉综合征 ……………………………… 136
　第四节　黄头病 …………………………………… 138
　第五节　传染性肌坏死病 ………………………… 139
　第六节　肝胰腺细小病毒病 ……………………… 141
　第七节　红腿病 …………………………………… 142

1

第八节　幼体弧菌病 ········· 144

第九节　急性肝胰腺坏死病 ········· 146

第十节　对虾卵和幼体的真菌病 ········· 148

第十一节　镰刀菌病 ········· 149

第十二节　二尖梅奇酵母病 ········· 151

第十三节　微孢子虫病 ········· 153

第十四节　肝肠胞虫病 ········· 154

第十五节　固着类纤毛虫病 ········· 156

第十六节　拟阿脑虫病 ········· 159

第十七节　虾疣虫病 ········· 161

第十八节　蟹奴病 ········· 162

第十九节　维生素 C 缺乏症 ········· 163

第二十节　浮头与泛池 ········· 165

参考文献 ········· 167

视频二维码

第一章 虾蟹类养殖生物学

十足目虾蟹类形态、色彩各异，有螯足展开间距达4m的巨螯蟹，也有体长不到1mm的小型种类，但它们却有着结构与功能上的类似与统一。因此，本部分内容综合现有相关研究，以十足目中常见经济种类为代表进行介绍。

第一节 外部形态

一、虾类的外部形态

虾类身体修长，外被甲壳，可分为头胸部和腹部（图1-1）。头胸部由头部6个体节与胸部8个体节愈合而成，被一完整的甲壳，即头胸甲包被。头胸甲中央部分前伸，形成突出的额角，其上、下缘具齿，数目因种类而异。以对应的内脏器官将头胸甲分为若干个区，其上生有刺、脊、沟等结构，亦多以所对应的脏器命名，为重要的分类特征。

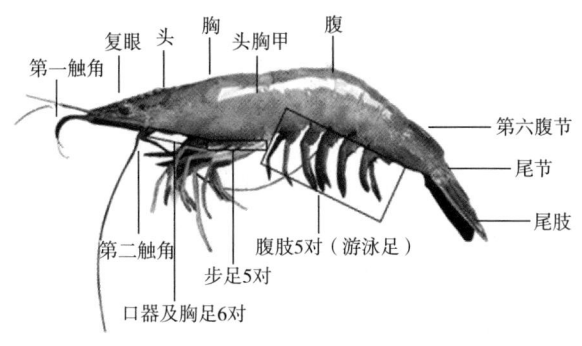

图1-1 对虾（中国对虾）的外部形态

头部与胸部以颈沟为分界,前端腹面有口,被大颚、小颚及颚足形成的口器包围;后侧缘与体壁之间有鳃腔,其中生有鳃。对虾雌性个体的头胸部后方腹面通常有纳精囊,能够存储雄性的精荚,而真虾类则缺失此典型结构。

虾类腹部发达,可分为7节,各节甲壳相互分离,由薄的关节膜相连,可以自由屈伸。腹甲的大小形态也是重要的分类依据,如匙指虾科、长臂虾科等真虾类的第二腹甲较宽,覆盖在第一腹甲之上,其雌虾具抱卵习性,腹甲向腹部下方延伸,体型较雄性略显粗壮,常作为区分雌、雄的特征之一。最末一节为尖锐三角形,称为尾节,其基部腹面为肛门开口处。

虾类身体共分21节,头部第一节的1对复眼及末端尾节无附肢外,其余每节对应生有1对附肢,其形态与功能各异,依次为头部5对,包括第一触角1对,第二触角1对,大颚1对,小颚2对;胸部8对,依次为颚足3对,步足5对;腹部附肢6对,包括5对游泳足,1对尾肢,其向后延伸,与尾节共同构成尾扇,有辅助游泳及弹跳的功能。

虾蟹类动物的附肢通常为双肢型,其基本结构由原肢和其顶部发出的内、外肢构成(图1-2)。附肢分节,每节称为肢节,不同着生部位或种类间变异较大。有些种类的附肢在幼体时为双肢型,成体期时退化为单肢型。原肢与身体相连接,分为3节,但第一节常与身体愈合,仅见2节。

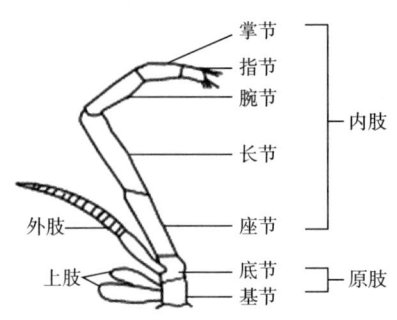

图1-2 虾蟹类附肢的结构模式

对虾类腹部第一、第二腹肢（游泳足）通常为雌、雄异形，雌体第一腹肢内肢极小，雄体第一腹肢内肢变形形成雄性交接器（图 1-3），其左右两只可以并拢，略呈钟形，中部纵向曲卷，呈圆筒状，用于在交配时输送精荚。雄性第二腹肢内侧还具有一小型附属肢体，称为雄性附肢。雌虾腹部附肢上则无这些结构特化，而在其步足基部具有存储雄性精子功能的雌性特化结构——纳精囊。南美白对虾的雌虾为开放型纳精囊，交配前无黏附精荚，看不出明显的结构，这与中国对虾具有封闭纳精囊的种类有区别。

（a）对虾雌雄个体交接器（封闭型）　（b）第二游泳足（雄性）

（c）第一游泳足（雄性）　（d）尾扇（尾节和尾肢）

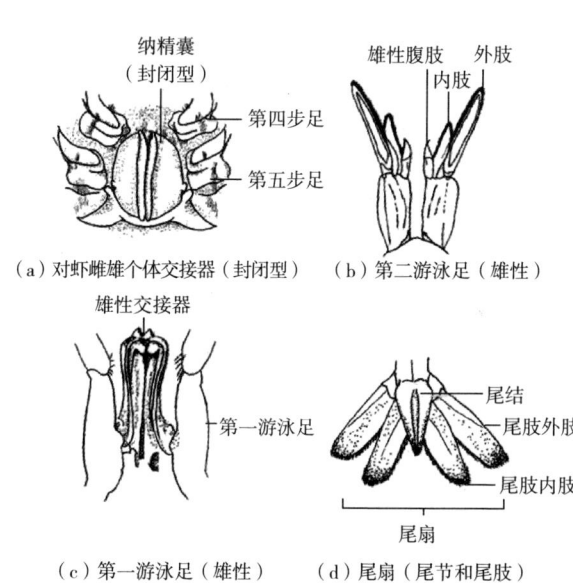

图 1-3　虾类（对虾）雌雄性交接器及尾扇结构

二、蟹类的外部形态

蟹类形体多样，有圆形、方形、近方形、梨形和梭形等，其身体也分为头胸部、腹部及附肢等部分。蟹类头部 6 节与胸部 8 节愈合，覆盖以整片的头胸甲。蟹类头胸甲发达，与体壁间形成鳃腔，其边缘与步足之间有缝隙，形成水流的入鳃孔。依据头胸甲下方对应的内部器官，将其划分为若干个区（图1-4）。头胸甲表面有各种刺、沟、缝及突起等结构，边缘多具齿，这些分区、表面结构及齿等常作为分类依据。头胸甲在其后缘折向腹面与腹甲相接。

图1-4　蟹的外部形态（仿戴爱云）
（a）背面：1—眼柄　2—前胃区　3—眼区　4—额区　5—侧胃区　6—肝区
7—中胃区　8—心区　9—肠区　10—鳃区　11—前侧缘　12—后侧缘
13—后缘　14—腹节　15—大螯　16—步足
（b）腹面：1—口前区　2—第一触角　3—第二触角　4—下眼区
5—第三颚足　6—下肝区　7—颊区　8—腹甲　9—腹部（雄）

腹部则扁平、退化，折叠于头胸部腹面。腹甲分为7节，一般第一节至第三节愈合，第四节至第七节分节明显。蟹类腹部俗称"蟹脐"，雄性腹部一般呈三角形、钟形，雌性则宽大呈半圆形或椭圆形（图1-5）。有时能够见到一些个体的"蟹脐"形状异样，介于雌雄之间，这种情况多数为未达到性成熟的雌蟹，常见于梭子蟹科的种类，其腹部随着蜕皮会逐渐变圆。

蟹类额缘两侧有具柄的复眼，平时倒卧于眼窝内，活动时则直立伸出。额缘的近中央处有第一触角，十分短小，为双肢型，其基部有平衡囊。第二触角细小，位于两眼内侧，单肢型，其基部有排泄器官开孔，孔外有1个可以开闭的盖片，盖片开启时，尿液即由此排出。口周边的附肢与前述虾类基本相似，由内而外分别有大颚、

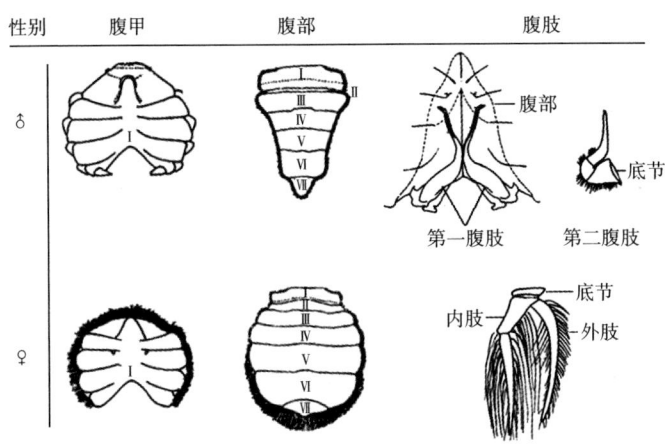

图1-5 雌、雄蟹（中华绒螯蟹）腹部及腹肢形态（仿堵南山，杨思谅）

第一小颚、第二小颚，以及第一、第二、第三颚足，它们共同构成口器，位于头胸甲前端部的口框内。第一颚足为双肢型，内肢基部宽大呈叶片状，能够封闭鳃腔的出水孔，防止水分快速蒸发。其上肢伸入鳃腔内，两侧着生浓密的刚毛，覆盖于鳃的背面，起到清洁的作用。第二和第三颚足的上肢也同样伸入鳃腔，负责清洁鳃的腹面。第三颚足位于口器的最外侧，也称外颚足，其上肢基部位于鳃腔入水孔处，可阻止污物进入。玉蟹科种类的第三颚足外肢较宽，特化为盖子状，起到封闭进水管的作用。口框与第三颚足的形状在某些类群中为重要的分类依据（图1-6）。头胸部附肢的基部通常着生不同类型的鳃，其具体类型与数量因蟹种类而异。

头胸部两侧生有成对的胸足，第一对通常特别粗壮，呈螯状。有的种类的左右螯不等大，而多数种类螯足为雌雄异形，通常为雄性大于雌性，如常见的中华绒螯蟹（河蟹）、三疣梭子蟹、日本蟳等。螯足的主要功能为取食、掘穴、防御与进攻。后四对步足为爪状或桨状，其上生有各种突起、刺、毛等结构。爪状步足主要用于爬行，如中华绒螯蟹；桨状步足则利于游泳和掘沙，如三疣梭子蟹。

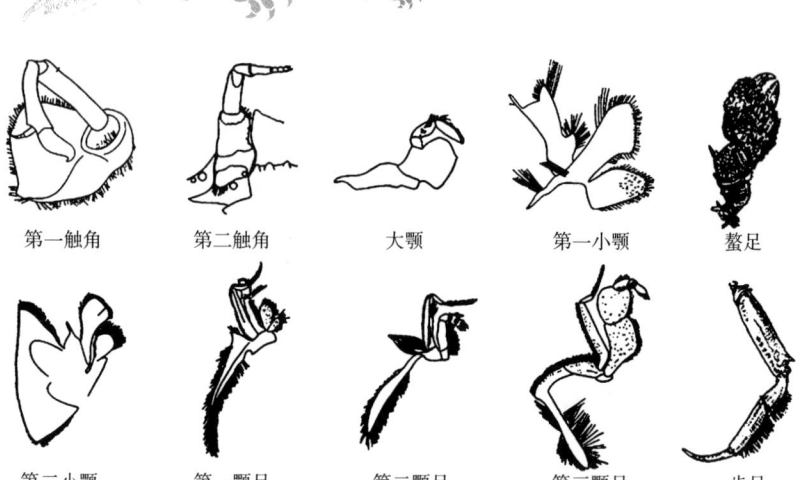

图1-6 蟹（中华绒螯蟹）的附肢形态（仿堵南山）

蟹类腹肢不发达，雄性腹肢退化，仅存第一、第二对腹肢，形成交接器。雌性具有4对腹肢，内、外肢明显，密生刚毛，用于抱卵。

第二节 内部构造

一、体壁

虾蟹类动物同其他甲壳动物相似，具有硬质外壳，称为甲壳。它是一种外骨骼，主要成分为几丁质、蛋白质复合物，以及钙盐等。甲壳不仅分布在动物体表，某些部分突入体内形成内骨骼，以供肌肉附着。

虾蟹类的甲壳结构分为数层，见图1-7。甲壳之下为结缔组织形成的底膜（真皮层），其上有柱状上皮细胞层，甲壳由其分泌而来。上皮细胞层外为表皮层，其又可分为3层。最内为内表皮层，约占表皮厚度的1/2，为几丁质——蛋白质复合物，分为钙化层和非钙化的薄膜层。向外为外表皮层，略薄于内表皮层，钙化程度高。最外层为较薄的上表皮层，其上生有各类感觉刚毛，多为机械感受

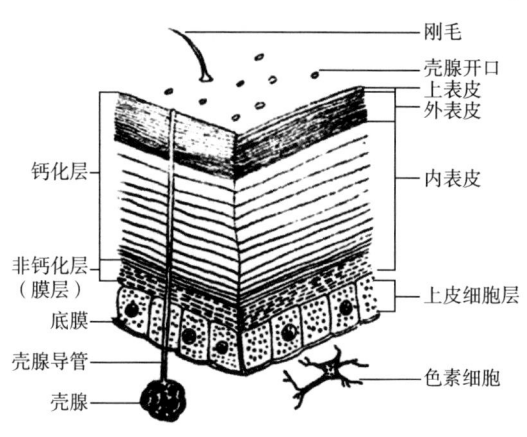

图 1-7　虾蟹类甲壳的构造

器，某些特定部位存在化学感受器。底膜之下的结缔组织中有壳腺存在，通过壳腺管开口于上表皮层，分泌物能够形成很薄的黏液层和蜡质层，不仅使外壳有光泽，而且具有保护机体免受病原体侵袭的作用。上表皮层在虾蟹类动物蜕皮时发生较大变化，旧壳被吸收、蜕去，新壳形成并逐渐硬化构成新的甲壳。

底膜之下的结缔组织中有不同类型的色素细胞，呈星状、放射状或树枝状。色素细胞内有色素颗粒，可以随着光线的强弱或环境的改变而扩散或集中。色素颗粒向色素细胞四周的树枝状分叉扩散时，接受光线的量大，甲壳上的色彩就变得显著；缩回而逐渐集中时，接受光线的量少，甲壳上的颜色就不明显。

虾蟹类甲壳与底膜中色素细胞内沉积的虾青素是体色形成的主要色素物质。虾蟹类体内的虾青素通常与甲壳蓝蛋白形成稳定的复合物。高温、酸或碱等化学物质能够使甲壳蓝蛋白变性，释放出所结合的虾青素，这也就是煮熟的虾蟹甲壳为红色的原因。

虾蟹类具有绚丽的体色，有时还能够变换色彩，这不仅与上述色素细胞的形态调节机能有关，也与其中虾青素和甲壳蓝蛋白的代谢与结合方式紧密相关。通过神经内分泌系统的调节，它们的体色会随栖息地光照、温度等环境条件，饵料中色素种类与含量及蜕壳、疾病等自身生理状态，在一定范围内而改变。

二、神经系统

虾蟹类的神经系统为链状神经系统，由低等甲壳动物的梯形神经系统演化而来。这种神经系统与甲壳动物分节的身体相适应，每个体节有一对神经原节，同一体节左右神经原节以1~2条横连接神经相连接；前后神经节之间由纵连接相连。虾蟹类等高等甲壳动物同一体节的左右神经原节以及纵连神经愈合形成神经节，有一些种类的前后神经节也出现愈合，因此神经节数比体节数少。神经系统可分为中枢神经系统、交感神经系统及感受器官等部分。

中枢神经系由脑（食道上神经节）及腹神经索组成。虾蟹类的脑可分为前脑、中脑和后脑三部分，由头部顶节、第一触角与第二触角3对神经节愈合而成。前脑为嗅觉中心、视觉中心。中脑由第一触角节的一对神经原节形成，为嗅觉中心。后脑由第二触角节的一对神经原节形成（图1-8）。

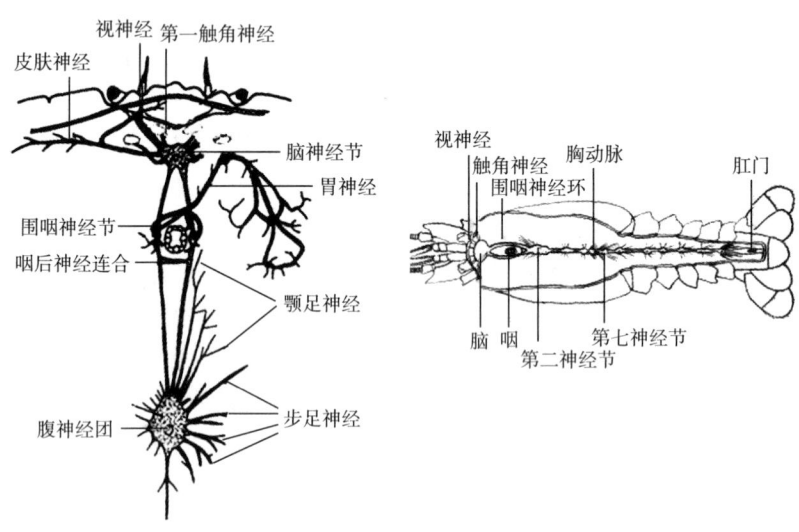

图1-8 虾蟹类神经系统的结构

交感神经系统通常分为前后两个部分，前部分由围咽神经环发出多对神经，控制胃、消化腺及相关肌肉的活动，调控食物输送及消化、吸收过程。由胃神经分出心神经，控制心脏的活动；后部分交感神经由腹神经索的最后一神经节发出，分布于中肠、后肠及肛门，并继续分支，控制肠道肌肉的活动。

三、感觉器官

虾蟹类的感觉器官主要有化学感受器、触觉器及复眼等。化学感受器的结构、功能与定位目前研究得不多，一般认为第一触角鞭为十足目动物的特化嗅觉器官，其端部生有单枝长的嗅觉刚毛（嗅毛）。触觉感受器主要有分布于体表的各种刚毛、绒毛等结构，以及平衡囊。虾蟹类的感光器官为眼，某些种类幼体时生有简单的单眼，成体则具一对有柄的复眼。复眼多为半球形，由许多小眼构成，其数目因种类和发育时期而不同。成体复眼通常具眼柄，位于第一触角基部的眼窝中，活动时离开眼窝，可向上、下及两侧转动。

四、消化系统

虾蟹类的消化系统由消化道及消化腺组成。消化道由口、食道、胃、肠以及肛门组成［图1-9（a）］。前肠包括口、食道和胃。口位于头胸部腹面，虾类的口被上唇及口器包被，蟹类的口则深入口框内部，外面为口器附肢所遮挡。口后即为一短而直的食道，食道内壁覆有甲壳素表皮，其下的皮层为单层柱状上皮，食道内口开口于胃。胃分为前、后两腔，前腔称贲门胃，后腔称幽门胃，胃的表面亦覆盖有较厚的几丁质表皮。贲门胃内有甲壳素结构的胃磨，用来磨碎食物。这一结构为软甲类的虾、蟹所特有。幽门胃中有由刚毛及甲壳素沟槽构成的滤器，用于过滤食糜［图1-9（b）］。一些蟹类的胃壁上常有白色钙质小粒，螯虾、蝲蛄等爬行虾类在胃壁的前侧方两侧各有一胃石，这些结构能够存贮蜕皮时所需的部分钙质。

中肠为长管状，从胃后消化腺开口处向腹部后方延伸至第六腹

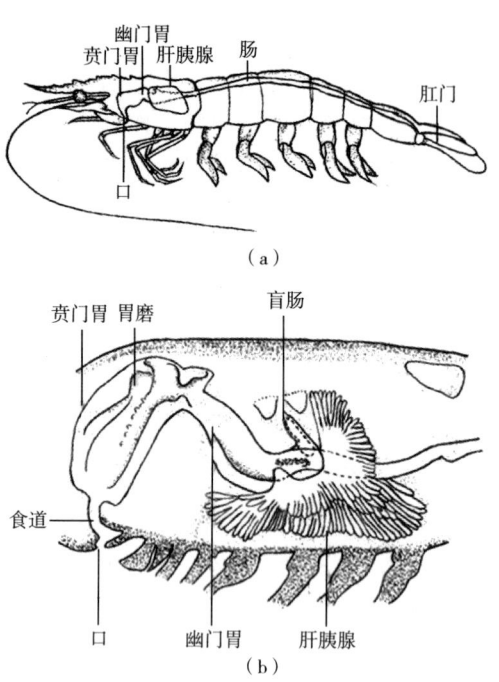

图1-9 虾类（对虾）消化系统的结构

节与后肠相连，其分布有连续环肌及成束的纵肌以完成肠的蠕动功能。在与胃及后肠相连接处分别有中肠前盲囊和中肠后盲囊，以此可以划分前、中、后肠。后肠短而粗，肌肉发达，内表面有甲壳素表皮覆盖，通过周围肌肉的作用，使肠道蠕动，推动粪便进入直肠排出。肛门狭缝状，位于尾节腹面。

消化腺为一大型致密腺体，位于头胸部中央，心脏的前方，包被在中肠前端及幽门胃之外，也称为中肠腺或肝胰脏。消化腺由中肠分化而来，由多级分枝的囊状肝管组成，最终的分枝称为肝小管。肝小管具单层柱状上皮细胞构成的管壁，内为具有许多微绒毛状突起的腔室，肝管内腔汇集后开口于胃与中肠相连处。消化腺由不同类型的细胞构成，具有分泌、吸收、贮存、分化等功能。

虾蟹类摄取食物后，经大颚等口器初步撕碎，咀嚼后经食道进入胃中。在胃中被进一步磨碎，并与来自消化腺的消化分泌物混合、消化。混合食糜经幽门胃过滤后进入消化腺管中进一步被消化、吸收，部分较大的颗粒返回胃中重新磨碎，而未被消化的食物残渣进入中肠。中肠前部分泌产生一层围食膜包被在残渣之外，肠道有规律地蠕动，残渣在围食膜中由前向后运动，随肛门间歇性地开闭而被排出体外。

五、呼吸系统

虾蟹类的呼吸器官是鳃，位于头胸甲侧甲和胸部体壁构成的鳃腔中。由其位置不同分为侧鳃、关节鳃、肢鳃及足鳃。侧鳃直接生在身体左右侧壁上，关节鳃生在胸肢基节与身体相连的关节膜上，而足鳃则生在颚足或步足的基节上（图1-10）。鳃腔以一层几丁质膜为顶，前、后部分别与肝胰腺和头胸甲内壁相隔。

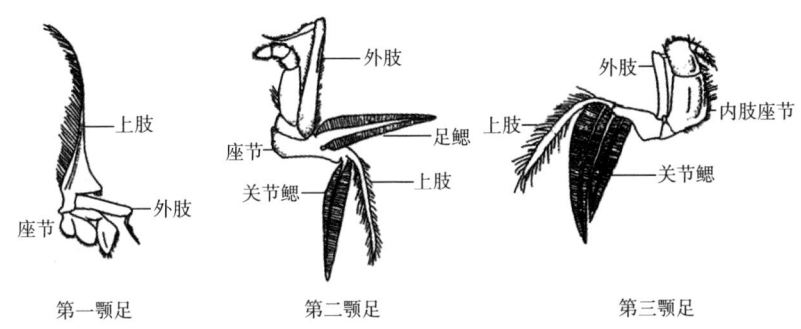

图1-10 蟹（三疣梭子蟹）颚足及其上鳃的结构（仿杨思谅）

根据鳃的结构，可分为枝状鳃、丝状鳃或叶状鳃。对虾类为枝状鳃，真虾种类通常为叶状鳃，螯虾等种类为丝状鳃。每一瓣鳃由中央的鳃轴及两侧的鳃瓣、鳃丝组成。鳃轴中有入鳃血管和出鳃血管，由其向两侧发出鳃瓣。各类鳃的形态如图1-11所示。

虾蟹的鳃不仅是呼吸器官，其还担负着排泄、调节渗透压的作用。虾蟹类蛋白质代谢产物为尿或氨，这些物质经血淋巴液运输至

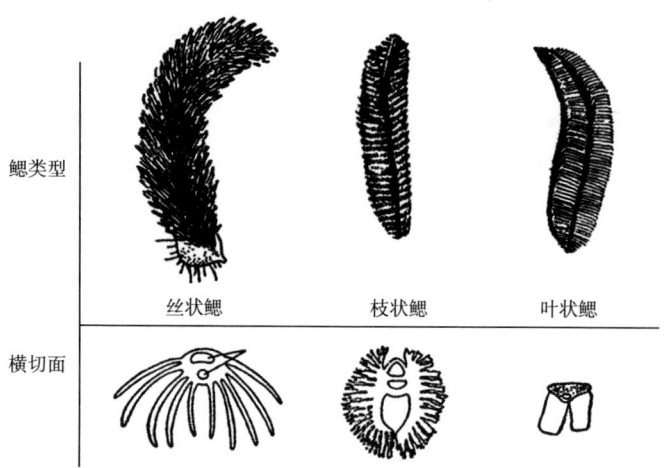

图 1-11　虾蟹类各类型鳃的形态结构

鳃，在这里非离子氨转化为离子氨，通过 Na^+/K^+-ATPase 替换 K^+，Na^+/NH_4^+ 交换，排出体外。

　　呼吸时鳃腔内的第二小颚外肢——颚舟片与其他相关附肢配合，使鳃腔中的水发生流动以利于呼吸。水流流经鳃腔，在鳃上进行气体交换后流出鳃室，鳃腔内的水还可以在附肢的作用下倒流，以冲刷鳃表面的污物。虾类潜底时，以第一触角、第二触角、大颚须以及第一小颚外叶组成呼吸管，水流即从呼吸管进入鳃腔，然后自鳃盖下缘流出。蟹类步足、螯足基部具有入水孔，水流由此处进入鳃腔，然后由口旁边的出水孔排出。潜底的蟹类的颚足特化为独特的水流通道。虾类头胸甲侧下缘及后缘游离，离水后很难保持鳃腔中的水分，而不易长时间存活。蟹类的鳃腔相对封闭，离水后可用颚足堵住出水孔，防止水分蒸发，使鳃腔内保持湿润，因此离水后仍可存活较长时间。中华绒螯蟹离水后鳃腔中留有的水分会和空气混合，一起喷出，这就会有很多泡沫产生，它们不断破裂而发出啪啪的声音。而所产生的泡沫堆积在口及鳃腔附近，对保持呼吸器官的湿润有一定作用。

六、循环系统

虾蟹类的循环系统属开管系统,即血淋巴液(血液)在流动中经开放的血窦完成循环。虾蟹类的循环系统由心脏、动脉、血腔、血窦、血淋巴液等组成(图1-12)。血淋巴液从心脏流经动脉及其分支,进入身体各部分的血腔及血窦内。血腔和血窦没有管壁,只有外围比较致密的结缔组织,在身体内有规律地分布,其中血淋巴液按一定路线流动。动脉血先到达血腔,与周围组织进行气体与物质交换,然后流入血窦中(图1-12)。血窦体积要大于血腔,其中的血液为经过物质交换的静脉血,而血腔中则为动脉。虾蟹类的血窦主要有围心窦(腔)、胸血窦、背血窦、腹血窦以及组织间的小血窦。

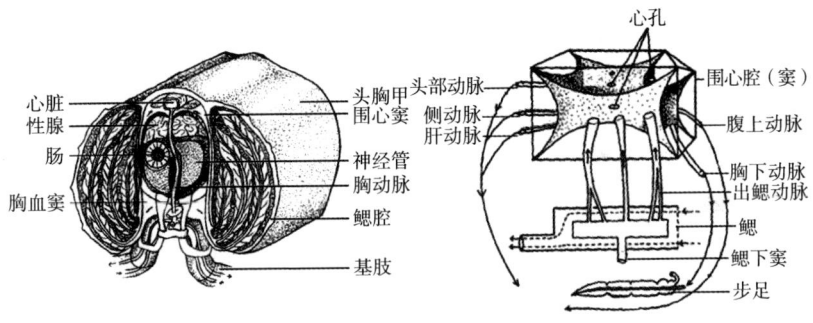

图1-12 虾类循环系统的结构及血液流向

心脏位于头胸部近后端消化腺的背后侧,呈多边形,外壁结实,致密,内具空腔。心脏具多对心孔,多数种类具1~3对心孔,少数种类有5对心孔(长臂虾属、鼓虾科等),中国对虾具4对心孔。心孔为血淋巴液进入心脏的通道,有瓣膜以防止血液倒流。由心脏发出多条动脉分布全身各部分。

虾蟹类的血液也称为血淋巴液,由血淋巴细胞和血浆组成。血淋巴细胞体积占总血量的1%以下。血淋巴细胞呈卵圆形或椭圆形,根据细胞质中是否含有颗粒或颗粒的大小可分为三类,即小颗粒细

胞、大颗粒细胞及无颗粒细胞。血浆为血淋巴液的主要部分，含有血蓝蛋白，为含铜的呼吸色素，非氧合状态下为白色或无色，氧合状态下呈蓝色，通常聚集为较大的分子。血淋巴液的生理功能主要为物质合成、贮藏、运输及免疫防御。血液成分、物质浓度以及血量随蜕皮活动呈周期性变动，并参与渗透压及离子调节。虾蟹类的造血组织由很多结节构成，外被结缔组织，称为血腺，通常靠近或附着于前大动脉上。

七、排泄系统

管肾是甲壳动物的主要排泄器官，通常在成体的头部存在 1~2 对，位于第二触角节的一对称为触角腺或绿腺；位于第二小颚节的一对称为小颚腺或壳腺。甲壳动物幼体多具有两种腺体；成体时期，仅叶虾类和疣背糠虾类具有两种，其他种类仅保留其中一种。软甲类种类中，口足目、山虾类、温泉虾类、涟虫类、异足类及等足类的成体保留有小颚腺，而其他包括十足目中虾蟹类在内的多数种类仅具有触角腺。

小颚腺和触角腺的结构基本相同，均为中胚层发育而来，主要由囊状末端和排泄管两部分组成。末端囊小，呈球形，囊壁薄，由所对应体节的体腔退化形成。排泄管长而弯曲，末端为排泄孔，位于第二小颚或第二触角基部。虾蟹类触角腺的结构复杂，末端囊内有较多皱褶。部分种类在与排泄管连接的前端部膨大成囊，内部多有皱褶，将内腔分割为多个沟道，此结构称为肾迷路。肾迷路为绿色，其后部的排泄管为白色，长而盘曲。一些大型种类的排泄管末端膨大，形成膜质的膀胱，其后通常接有一段由外胚层发育而来的尿道，开口于排泄孔。肾迷路与排泄管属于触角腺的腺质部，膀胱则属于膜质部。虾类的触角腺结构见图 1-13。

虾蟹类为排氨型动物，蛋白质代谢的最终产物大部分以氨的形式，通过鳃排出体外。而触角腺也具有调节渗透压与离子平衡的功能。它与循环系统有着内在的紧密联系，由触角动脉与神经下动脉

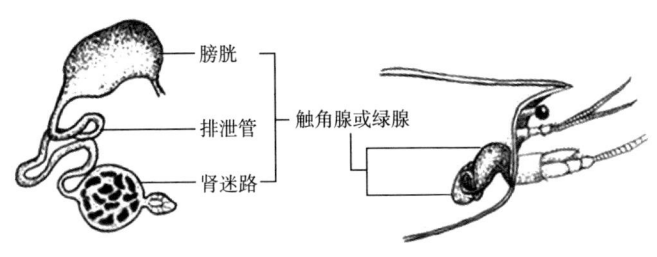

图 1-13 虾类触角腺的结构

发出分支，在触角腺中再分为很多细支，深入腺质部的血腔内，血淋巴液中的氮废物进入腺质部，然后排出体外。

八、生殖系统

虾蟹类多为雌、雄异体，生殖系统差异显著。雄性生殖系统由精巢、输精管及精荚囊等组成。精巢成对，位于消化腺背方，心脏前下方。虾蟹类精巢一般以生精小管为基本单位而聚成。生精小管由结缔组织薄膜围成，横切面为圆形或椭圆形，大小不一，之间排列紧密，偶尔有结缔组织填充于管间空隙。生精小管管壁由基膜以及着生其上的生精细胞和支持细胞构成。生精小管一侧的生精上皮细胞不断增殖形成生发区，所分化产生的精原细胞向生精小管管腔内移动并发育成熟，不同发育期的生殖细胞形成生殖带，向管腔逐渐推进，在生发区对侧形成成熟区。

虾类的精巢分为多叶，左右精巢在第二叶基部愈合，各精巢叶有细管汇合于输精管基部，然后形成粗大的输精管（图1-14）。输精管自精巢发出，有两次弯曲，分为三段，自中段后变细，其端部有一扩大的精荚囊。输精管中部管壁有特殊的腺上皮，具分泌功能，参与精子包装形成精荚。精荚分为两部分，一部分内含密集的精子团块，称为豆状体（部），另一部分为不含精子的瓣状体（部），又称翼状体。交配时，豆状体被置入纳精囊中，而瓣状体保留在体外，一些种类则形成薄膜状伸展于水中，随后掉落，有的种类则形成栓状，堵住纳精囊口，如已交配的日本囊对虾的此结构明显。雄性生殖孔开口于第五步足基部。

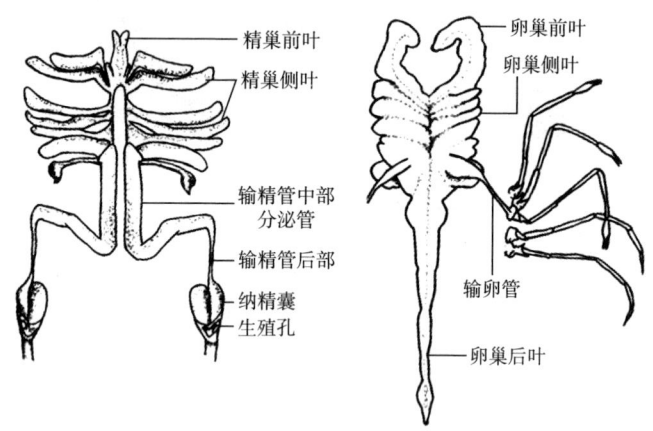

图 1-14　对虾的生殖系统结构

蟹类的精巢有左右两叶，位于胃两侧，在胃和心脏之间相互联合，成熟时充满头胸甲前方两侧腔内。精巢下方各有一输精管，其前部细而盘曲，中部具有分泌功能，后部为粗大的精荚囊，通过末端的射精管开口于末节胸板上或末对胸足座节上处的雄孔。1对副性腺位于头胸部后侧方，由许多树杈状盲管组成，其分泌物由位于贮精囊与射精管间的开口处注入射精管。副性腺为雄性生殖系统的重要组成部分，通常在精巢发育后期开始形成，至成熟期后已非常发达，其分泌物中含有强嗜酸性物质，可能参与精荚传递、破裂以及受精等系列反应。

雌性生殖系统包括卵巢和输卵管，对虾类和蟹类等种类还具有纳精囊，用于交尾后存储雄性的精子。虾蟹类的卵巢通常由卵巢壁、分化上皮、卵母细胞与滤泡细胞构成（早期卵巢主要是卵原细胞）。卵巢壁系卵巢的外膜，是一种较透明的结构。卵巢壁由外到内依次是上皮层和肌肉层。两者之间偶尔有少量血窦。分化上皮紧贴卵巢壁，一部分分化产生出大量的卵原细胞，另一部分分化上皮随着卵

巢壁内突伸入卵巢内部，分化出滤泡细胞。早期卵巢内主要是卵原细胞，滤泡细胞很少，随着卵巢发育，卵黄物质不断积累，卵母细胞体积逐渐增大，滤泡细胞逐渐分隔并且包围卵母细胞形成滤泡结构。滤泡结构充满卵巢腔，占据卵巢的绝大部分，使卵巢基本呈实心结构。

虾类的卵巢多叶，位于消化腺背方。前叶1对向头胸部前方腹面伸展，然后向上方折曲；侧叶包被消化腺并向腹面延伸，最末一侧叶充分延展时达到头胸甲后侧缘处；后叶长，向后延伸至尾节前方，在腹部逐节变细，成熟时在各节内膨大并向腹面延伸。后叶在真虾类向后延伸至第一腹节内，对虾、海螯虾类延伸至第五腹节处。输卵管细管状，开口于生殖孔。游泳或爬行的虾类，以及异尾类的生殖孔位于第三步足的基节，而拟寄居蟹属种类仅有左侧一个。

对虾类雌性交接器通常称为纳精囊，位于第四、第五对步足基部之间的腹甲上。根据是否覆盖有甲壳、骨片可分为封闭式和开放式两种类型。前者为袋状或囊状，位于体内，交配时精荚的豆状体存贮于其中。大多数对虾属种类具封闭式的纳精囊，如中国对虾、斑节对虾和日本囊对虾等。后者则为无甲壳、骨片形式的囊状结构，仅在第四、第五对步足间腹甲上由甲壳皱褶、凸起及刚毛等甲壳衍生物形成一区域用于接纳精荚，精荚多黏附其上。对虾属的种类具此种交接器者仅见于西半球种类，如南美白对虾、细脚滨对虾等。

蟹类的卵巢为左右相连的两叶，呈H状，位于消化道两侧的背方，成熟时充满头胸甲前侧缘，向后则延伸至腹部前端，少有延伸至腹部。输卵管短，末端连接于外胚层发育而来，由体壁内陷形成的纳精囊，然后开口于第三步足基节或第六胸节的腹甲上（图1-15）。卵巢壁由致密的结缔组织膜构成，内为生殖上皮，被结缔组织分为许多卵囊。卵巢外没有明显的肌纤维，在卵巢成熟过程中，整个卵巢的体积扩张。卵子在卵囊壁上发育、成熟。雌蟹成熟后腹部宽大，多为半圆形、卵圆形，第二至第五对腹肢双肢型，刚毛多，用于抱持卵团。

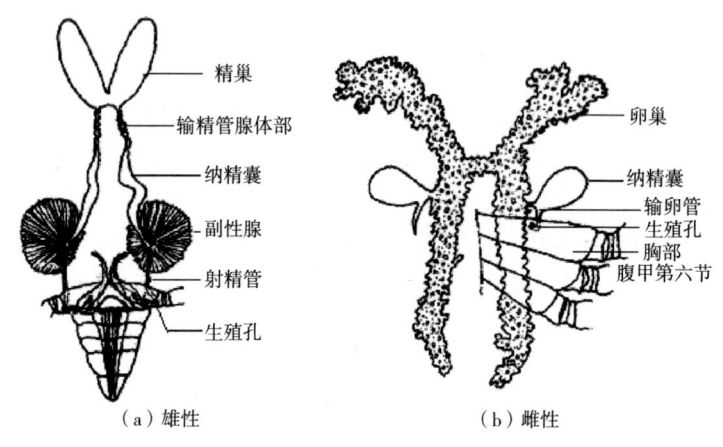

图 1-15 蟹（中华绒螯蟹）的生殖系统结构

九、肌肉系统

虾蟹类的肌肉基本以体节为单位构成系统，每个体节的肌肉可分为躯干肌和附肢肌两部分。从第二小颚开始，每一节躯干肌包括一对背纵肌和一对腹纵肌，前者收缩时能使身体伸直或向上弯曲，而后者收缩时，则使身体向下弯曲。此外，每个体节还具有一对背腹肌和一对横肌。蟹类由于腹部退化，其肌肉系统主要分布在头胸部，用以活动口器和胸肢。而虾类大型肌肉主要分布在腹部，用于腹部的屈伸活动。附肢肌一般有 3 对，分别控制附肢朝前、后、内不同方向的活动。不仅胸部和腹部具有运动附肢的附肢肌发达，头部附肢，尤其大颚和触角所对应的附肢肌也较发达。

虾类的躯干肌和附肢肌为横纹肌，由肌纤维构成。肌纤维呈筒状，外被肌纤维膜，内含多个细胞核，肌纤维可分为 3 种类型：快肌Ⅰ、快肌Ⅱ和慢肌。快肌Ⅰ收缩快而又耐疲劳，多分布于腹部背面及游泳足；快肌Ⅱ收缩有力，但易于疲劳，不能持久运动，多分布于腹部，配合尾扇运动；慢肌收缩慢，但能进行持续运动而不易疲劳，分布于步足等做持久运动的器官。肠道、血管及生殖器官中的肌肉则多为平滑肌。

十、内分泌系统

虾蟹类的内分泌系统由神经内分泌系统和非神经内分泌系统组成，前者由神经分泌细胞形成，存在于前脑、视叶、胸神经节以及食道下神经连中，能合成、存贮和输导激素。激素先在细胞本身内合成，然后沿轴突到达由神经末梢特化而成的神经血液器内，这里为激素存储，并转运至循环系统的中心。神经内分泌系统包括X-器官、血窦腺、围心器、后接索器等。

X-器官也称眼柄腺，存在于口足目、十足目种类中，由视叶视端髓内的一簇神经分泌细胞构成，其轴突一直延伸至血窦腺。血窦腺并非腺体，而是一种典型的神经血液器，位于视叶的外髓与内髓间，中枢神经系统的各部分神经内分泌细胞的轴突均汇集于此，以薄膜与血管相隔。血窦腺具有存储激素的功能，一定时间时会将所存激素释放至循环系统中（图1-16）。X-器官与血窦腺合称X-器官—窦腺复合体，其在结构和功能上类似脊椎动物的下丘脑—神经垂体系

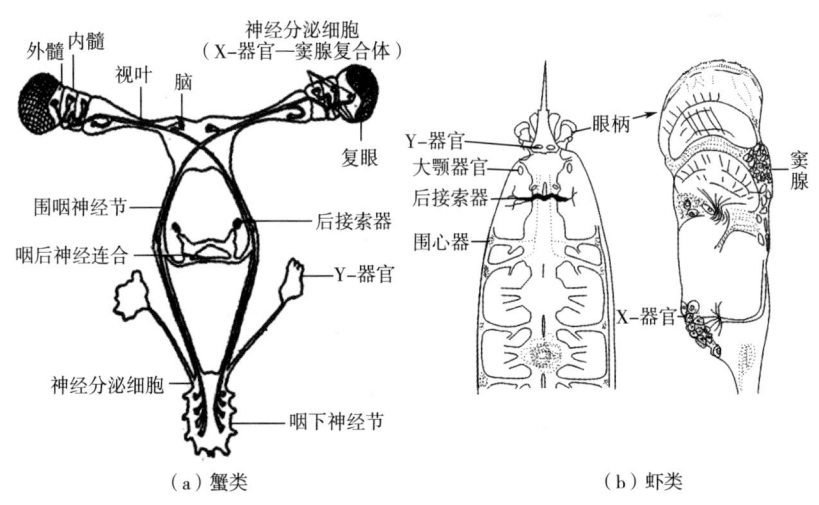

图1-16 虾蟹类的主要内分泌器官与X-器官—窦腺复合体

统,在蜕壳、性腺发育、生长等生理活动中发挥着重要的调控作用。

围心器也存在于口足目、十足目种类中,多见于爬行虾蟹类,位于围心腔内侧壁,横跨围心腔上方,为围心腔内多束神经末梢。它们虽然不控制运动,也无其他感觉功能,却能直接释放激素至围心腔的血淋巴液中。后接索器也是一种神经血液器,也称食道下神经连器,或血窦板,多存在游泳的十足目种类中,由食道下神经连左右两侧所发出的一对神经的神经外皮形成,内含网状神经末梢,以及由神经内分泌细胞产生的分泌物质。这一器官也靠近血窦,其存贮物质能直接进入循环系统中。后接索器和围心腔的神经内分泌产物主要为各种胺类和多肽类,用于控制色素活动,调节心跳的频率与强度及呼吸活动,并参与渗透压的调节。

非神经内分泌系统包括 Y-器官、大颚器官、促雄性腺等。Y-器官也被称为蜕皮腺或侧器,左右一对,存在于所有虾蟹类动物中,类似于昆虫的前胸腺。其来源于外胚层,形状各异,多呈腊肠型,在虾蟹类体内的位置也不同。十足目虾蟹类的 Y-器官通常位于第二小颚节内,由一群细胞组成,其紧紧靠近上皮细胞层,胞质中含有丰富的核糖核酸,食物中的胆固醇类和甾醇类等原料物质在此处转化为蜕皮类激素。虾蟹类的蜕皮类激素种类多样,主要包括 20-羟基蜕皮酮(蜕皮激素前体)、25-脱氧蜕皮酮和 3-脱氢蜕皮酮等。20-羟基蜕皮酮等蜕皮激素通常在虾蟹类蜕皮之前达到高峰,随蜕皮活动开始迅速下降,然后恢复正常。Y-器官的活动受咽下神经节神经支配,其分泌物受 X-器官分泌物调控。

促雄性腺位于输精管末端,贴于精荚囊之侧,是中胚层分化成的分泌腺。其分泌物能够促进性腺原基发育为雄性生殖腺,并维持雄体的第二性征。大颚器官成对分布于大颚基部,其分泌产物被认为是一种性腺刺激激素,可促进卵黄合成及卵巢发育。大颚器官的活动亦受 X-器官—窦腺复合体神经内分泌物的调控。

根据对生理功能的调节作用,虾蟹类的神经内分泌产物又可分为抑制激素和兴奋性激素两大类,前者包括蜕皮抑制激素、性腺抑

制激素；后者包括各种胺类和多肽，它们相互协调作用，调控有关靶腺、效应器的功能。X-器官的主要分泌物是蜕皮抑制激素和性腺抑制激素。前者抑制Y-器官蜕皮激素的分泌，后者抑制性腺的发育。此外X-器官还分泌激素促进血糖升高。眼柄切除或破坏X-器官可使其分泌物减少或消除，进而促进虾蟹类卵巢的发育。

第三节　生物学习性

一、摄食

1. 摄食方式与行为

虾蟹类的摄食方式随着个体发育发生规律性的变化。幼体初期时以附肢划水，滤食水中浮游生物及悬浮颗粒，随着发育进程逐渐具有一定的捕食能力。虾类幼体多以附肢划水，增加口周边的水流通过量，在附肢的协同作用下进行摄食。而蟹类的溞状幼体具有一个长的腹部，不断向口前方摆动，如此将食物送到口边，并由附肢协助摄食。幼体由滤食为主转向捕食为主时，其生活方式也由浮游生活转向底栖生活，幼虾和幼蟹的摄食方式基本与成体相似。

虾蟹类的觅食主要靠嗅觉和触觉。有研究者使用一定浓度的氨基酸作为诱食剂，研究墨吉明对虾的进食反应，发现它们具有两个阈值水平的化学感受：一种是远距离探测的低浓度化学感受，另一种是高浓度或接触式化学感受。经过远距离定位，接近食物后，虾蟹类一般以步足探测，以螯足及颚足抱持食物送进口中。大颚用于撕扯、切割及磨碎食物，小颚则用来协助抱持、咀嚼食物。虾类多在水底爬行，行进中使用步足在身体两侧探查食物，有时亦使用步足在底质中探查。有些虾类具有抱持食物在水中一边游动、一边进食的习性，而多数虾类更喜欢停留在水底进食。一些对虾类能利用腹足有力的拍击煽走底质，捕食其中隐藏的食物。蟹类在捕食时或潜伏等待被捕食者靠近而后攻击，或主动追逐被捕食者，以大螯攻

击并猎获食物。梭子蟹等游泳能力强的种类甚至可成功地追捕鱼类、枪乌贼及虾类等。

虾蟹类均有相互残食的习性，饥饿时尤为明显。人工培养仔虾、仔蟹时，经常能看到同类相残的现象，密度过大、饵料不足是诱发残食的主要原因。一般虾蟹类自后期幼体开始，表现出更为明显的相残习性，成体被残食的多为蜕皮、病弱者。虾蟹类还具有较强烈的领地意识。沼虾类、蟹类相互残食的程度通常要高于其他种类。在选择混养种类时应该充分考虑其相残习性，尤其要注意种类间的搭配。

2. 食性、饵料组成

虾蟹类大多数为杂食性，少数为肉食性或植食性。栖息环境、季节和生长发育期阶段等不同因素，会影响虾蟹类的食性和饵料组成。虾蟹类的食性和饵料组成主要通过分析胃肠内含物的方法进行鉴定。近年来，也有学者采用稳定性碳同位素和免疫生物学等新技术进行食谱分析。

虾蟹类的饵料范围很广，通常可以分为微生物及碎屑、植物类及动物类等类型。碎屑成分复杂，由底质中的植物碎片、有机颗粒以及微生物等聚集形成，为虾蟹类发育早期阶段饵料的重要组成。虽然碎屑的营养作用难以确定，但对于进化地位较低，消化机能尚需要依靠微生物协助的无脊椎动物，其生理机能尚需依靠微生物的动物而言，其生理作用不可忽视。

植物在虾蟹类胃中出现的频率有时相当高，但通常被认为仅是较易获得的缘故。大部分虾蟹类在孵化后的幼体初期会大量摄食植物性饵料，如虾类的溞状幼体，一般以浮游藻类及水中的悬浮颗粒为食。我国南方一些对虾苗种企业利用角毛藻、海链藻作为南美白对虾的开口饵料，育苗效果有显著提升。植物性饵料不仅为微藻类，还包括大型藻类、高等水生植物及某些陆生植物。某些蟹类在动物性饵料匮乏时也大量摄食植物。长三角地区养殖中华绒螯蟹多采用"种草养蟹"的模式，种植水草不仅为蟹提供了良好的栖息环境，同时也能够提供随时可得的植物性饵料。

动物性饵料包括多种动物类群，主要有甲壳动物、软体动物、多毛纲动物、有孔虫及小型鱼类等。虾蟹幼体时期的动物饵料多为小型浮游动物，如轮虫类、桡足类、枝角类、端足类、异足类、糠虾类、毛虾类以及其同类的幼体。成体期则由多摄食浮游动转为多摄食底栖动物，如双壳类和腹足类动物，沙蚕等底栖蠕虫，以及鱼类和头足类动物等。

虾蟹类育苗过程中最常用的动物性饵料包括孵化的卤虫无节幼体、卤虫成体、轮虫及枝角类等。目前，卤虫、轮虫及枝角类规模化培育技术日趋成熟，并成功应用于养殖生产。小球藻室外池塘培育轮虫，投喂中华绒螯蟹幼体的生态育苗工艺已基本替代了传统的室内工厂育苗模式，显著提高了苗种质量，降低了育苗成本。

二、营养需求

营养素是指能被动物消化吸收提供能量构成机体及调节生理机能的物质。与其他水产动物一样，虾蟹类需要的营养素包括蛋白质、脂类、糖类、矿物元素、维生素、其他添加剂等种类。

1. 蛋白质

蛋白质是以氨基酸为基本单位、有特定结构并且具有一定生物学功能的一类重要的生物大分子。对蛋白质的元素进行分析发现，蛋白质的元素组成与糖类和脂类有所不同，除含有碳、氢、氧外，还含有氮和少量的硫，有些蛋白质还有其他一些元素如磷、铁、铜、碘、锌等。这些元素中氮元素是蛋白质的特征性元素，在蛋白质中的含量比较接近，平均值为16%，即每克氮相当于6.25克蛋白质。动物摄取的蛋白质被消化后释放出的游离氨基酸，被肠道吸收后通过血液循环到达各组织和器官，以保证满足生命活动对蛋白质的需要。蛋白质是对虾、河蟹机体组成的主要有机物质，占总干重的65%～75%。这意味着养殖虾蟹的过程是一个蛋白质生产与累积的过程。在虾蟹养殖过程中，如果饲料中的蛋白质不足会导致生长缓慢、停止甚至体重减轻。但是，过多的蛋白质以氨氮的形式排泄还会造成水体污染，水质恶化。饲料中的蛋白质过量，多余的蛋白质会被转变成能量，造成蛋白质资源的浪费，污染环境。此外，虾蟹饲料中蛋白质成本占其成本的大部分。适宜蛋白质需求量（表1-1）的研究尤为重要。

表1-1 不同对虾种类饲料中推荐蛋白含量（NRC，2011；%饲料干重）

种类	体重范围		
	0.1~5g	5~20g	>30g
斑节对虾	45	40	40
南美白对虾	40	35~40	35
日本囊对虾	50	45	40

动物对蛋白质的需求实际上是对氨基酸的需求，研究动物对氨基酸的需求和利用规律才是研究蛋白质营养的核心问题。必需氨基酸是指动物自身不能合成或合成量不能满足动物需要，必须由食物提供的氨基酸。虾蟹的必需氨基酸有10种（表1-2），分别是异亮氨酸、亮氨酸、赖氨酸、蛋氨酸、苯丙氨酸、苏氨酸、色氨酸、缬氨酸、精氨酸和组氨酸。半必需氨基酸是指在一定条件下能代替或节省部分必需氨基酸的氨基酸。半胱氨酸或胱氨酸可由蛋氨酸转化而来，酪氨酸可由苯丙氨酸转化而来。营养学上把半胱氨酸、胱氨酸、酪氨酸称作半必需氨基酸。显然，半必需氨基酸有节约必需氨基酸的作用。非必需氨基酸是指动物体内自身可以合成、不必由饲料提供的氨基酸。限制性氨基酸是指饲料中所含必需氨基酸的量与动物所需的必需氨基酸的量相比，比值偏低的氨基酸。如蛋氨酸和赖氨酸往往是大多数植物性蛋白源的限制性氨基酸。氨基酸平衡和互补氨基酸平衡是指饲料中可利用的各种必需氨基酸的组成和比例与动物对必需氨基酸的需求相同或相近。当饲料中所含有的可利用的必需氨基酸处于平衡状态时，才能获得理想的蛋白质效率。氨基酸互补作用又称蛋白质互补作用，是指利用不同蛋白源的氨基酸组成特点，适当搭配使氨基酸趋于平衡，从而提高饲料中蛋白质的利用率。

  第一章 虾蟹类养殖生物学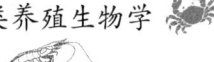

表1-2 对虾必需氨基酸的需要量（NRC，2011）

种类	必需氨基酸	初始体重（g/尾）	饲料粗蛋白含量/%	饲料消化能（kJ/g）	必需氨基酸含量/（%饲料干重）	估算的必需氨基酸需要量	反应指标	模型	参考文献
中华小长臂虾	精氨酸	0.02	45	14.7	1.10~2.70	粗蛋白的 4.2%~4.7% 饲料的 1.9%~2.1%	增重率、饲料效率	折线模型、指数模型	Palma et al. (2009)
	赖氨酸	0.02	45	14.7	1.10~2.80	饲料的 1.9%~2.1% 粗蛋白的 4.2%~4.7%	增重率、饲料效率	折线模型、指数模型	Palma et al. (2009)
	蛋氨酸	0.02	45	14.7	0.50~1.30	饲料的 1.9%~2.1%（含0.8%半胱氨酸）	增重率、饲料效率	折线模型、指数模型	Palma et al. (2009)

25

续表

种类	必需氨基酸	初始体重/(g/尾)	饲料粗蛋白含量/%	饲料消化能(kJ/g)	必需氨基酸含量/(%饲料干重)	估算的必需氨基酸需要量	反应指标	模型	参考文献
日本囊对虾	精氨酸	0.25	50	14.1	1.20~3.19	饲料的2.7%粗蛋白的5.3%	增重率	折线模型	Alam et al. (2004)
	精氨酸	0.79	50	14.1	ND	饲料的1.6%粗蛋白的3.2%	增重率	基于全身蛋白必需氨基酸的因子模型	Teshima et al. (2002)
	组氨酸	0.79	50	14.1	ND	饲料的0.6%粗蛋白的3.2%	增重率	基于全身蛋白必需氨基酸的因子模型	Teshima et al. (2002)
	异亮氨酸	0.79	50	14.1	ND	饲料的1.3%粗蛋白的2.6%	增重率	基于全身蛋白必需氨基酸的因子模型	Teshima et al. (2002)

第一章 虾蟹类养殖生物学

续表

种类	必需氨基酸	初始体重/(g/尾)	饲料粗蛋白含量/%	饲料消化能/(kJ/g)	必需氨基酸含量/(%饲料干重)	估算的必需氨基酸需要量	反应指标	模型	参考文献
日本囊对虾	亮氨酸	0.79	50	14.1	ND	饲料的1.9% 粗蛋白的3.8%	增重率	基于全身蛋白必需氨基酸的因子模型	Teshima et al. (2002)
	赖氨酸	0.79	50	14.1	ND	饲料的1.9% 粗蛋白的3.8%	增重率	基于全身蛋白必需氨基酸的因子模型	Teshima et al. (2002)
	蛋氨酸	0.79	50	14.1	ND	饲料的0.7% 粗蛋白的1.4%	增重率	基于全身蛋白必需氨基酸的因子模型	Teshima et al. (2002)
	苯丙氨酸	0.79	50	14.1	ND	饲料的1.5% 粗蛋白的3.0%	增重率	基于全身蛋白必需氨基酸的因子模型	Teshima et al. (2002)

续表

种类	必需氨基酸	初始体重(g/尾)	饲料粗蛋白含量/%	饲料消化能(kJ/g)	必需氨基酸含量(%饲料干重)	估算的必需氨基酸需要量	反应指标	模型	参考文献
日本囊对虾	苏氨酸	0.79	50	14.1	ND	饲料的1.3%，粗蛋白的2.6%	增重率	基于全身蛋白必需氨基酸的因子模型	Teshima et al. (2002)
	色氨酸	0.79	50	14.1	ND	饲料的0.4%，粗蛋白的0.8%	增重率	基于全身蛋白必需氨基酸的因子模型	Teshima et al. (2002)
	缬氨酸	0.79	50	14.1	ND	饲料的1.4%，粗蛋白的2.8%	增重率	基于全身蛋白必需氨基酸的因子模型	Teshima et al. (2002)
斑节对虾	精氨酸	0.02	40	ND	0.06~3.00	饲料的1.9%，粗蛋白的5.3%	增重率	折线模型	Millamena et al. (1998)

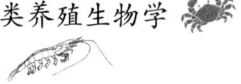

续表

种类	必需氨基酸	初始体重/(g/尾)	饲料粗蛋白含量/%	饲料消化能/(kJ/g)	必需氨基酸含量/(%饲料干重)	估算的必需氨基酸需要量	反应指标	模型	参考文献
斑节对虾	精氨酸	0.32	45	ND	1.31~3.61	饲料的2.5%粗蛋白的5.5%	增重率	折线模型	Chen et al. (1992)
	异亮氨酸	0.02	35~40	ND	0.52~2.02	饲料的1.0%粗蛋白的2.7%	增重率	折线模型	Millamena et al. (1999)
	赖氨酸	0.02	40	ND	1.18~3.28	饲料的2.1%粗蛋白的5.2%	增重率	二次回归模型	Millamena et al. (1999)
		2.4	34	ND	0.6~4.5	饲料的2.0%粗蛋白的5.8%	增重率	稀释技术/因子模型	Richard et al. (1999)

续表

种类	必需氨基酸	初始体重/(g/尾)	饲料粗蛋白含量/%	饲料消化能/(kJ/g)	必需氨基酸含量/(%饲料干重)	估算的必需氨基酸需要量	反应指标	模型	参考文献
斑节对虾	蛋氨酸	0.02	37	15.1	0.72~1.12	饲料的0.9%（0.4%半胱氨酸）粗蛋白的2.4%	增重率	折线模型	Millamena et al. (1999)
		2.4	34	ND	0.3~1.6	饲料的0.9%（0.1%~0.3%半胱氨酸）粗蛋白的2.9%	增重率	稀释技术/因子模型	Richard et al. (1999)
	苯丙氨酸	0.02	35~40	ND	0.62~2.12	饲料的1.4%粗蛋白的3.5%	增重率	二次回归模型	Millamena et al. (1999)

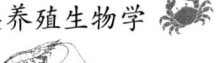

续表

种类	必需氨基酸	初始体重/(g/尾)	饲料粗蛋白含量/%	饲料消化能/(kJ/g)	必需氨基酸含量/(%饲料干重)	估算的必需氨基酸需要量	反应指标	模型	参考文献
斑节对虾	苏氨酸	0.02	35~40	ND	0.04~0.36	饲料的 0.2%粗蛋白的 0.5%	增重率	二次回归模型	Millamena et al. (1999)
	色氨酸	0.02	35~40	ND	0.04~0.36	饲料的 0.2%粗蛋白的 0.5%	增重率	二次回归模型	Millamena et al. (1999)
南美白对虾	赖氨酸	0.10	35	13.1	1.2~2.3	1.6%粗蛋白的 4.5%	增重率	折线模型	Fox et al. (1995)
		0.10	45	14.2	1.5~3.0	饲料的 1.6%粗蛋白的 4.5%	增重率	折线模型	Fox et al. (1995)

31

2. 脂类

脂质需求是对能量和很多特殊功能脂质组分的总需求,后者包括胆固醇、完整的磷脂和必需脂肪酸。在虾和其他甲壳类动物中,分别研究了以单独或复合方式添加不同水平的油脂对增重的影响,结果表明饲料脂肪水平为5%~6%时,增重效果最为明显。更高的脂肪水平(大于10%)通常能够导致生长延迟,造成这种现象的原因可能在于高能饲料限制了摄食作用,或者虾和其他甲壳类动物无法高效利用饲料中的脂肪。生长的抑制已被证实与脂肪在组织中的积累有关。上述关于饲料中脂肪水平的实验主要基于海洋来源的富含$n-3$长链多不饱和脂肪酸的脂肪,包括鳕鱼肝油等海洋动物油脂。由于脊椎动物和甲壳类不能利用单不饱和脂肪酸合成多不饱和脂肪酸,因此必须在饲料中额外添加才能满足动物对必需脂肪酸的需求。必需脂肪酸缺乏可导致各种病症,抑制动物生长和繁殖,最终致其死亡。长链多不饱和脂肪酸是一种具有生理活性的多不饱和脂肪酸,如花生四烯酸、二十碳五烯酸、二十二碳六烯酸。需要注意的是,脊椎动物和甲壳类动物不能在体内进行$n-3$多不饱和脂肪酸和$n-6$多不饱和脂肪酸之间的转换。研究必需脂肪酸的需求时应考虑饲料脂肪水平(表1-3),必需脂肪酸在脂肪中的比例才是脂肪酸是否满足需求的关键,而不是绝对的脂肪酸水平。在对南美白对虾的研究发现,长链多不饱和脂肪酸的需求量随着脂肪水平的增加没有显著性变化。也有研究表明,多不饱和脂肪酸和长链多不饱和脂肪酸同时添加时效果更为突出,推荐亚麻酸的添加量为7~10g/kg,二十二碳六烯酸的需求量为10g/kg。

表1-3 对虾对必需脂肪酸的需要量

种类	需要量	参考文献
18:3n-3 或 18:2n-6		
褐对虾	1%~2%(18:3n-3)	Shewbart and Mies(1973)
斑节对虾	1.2%(18:3n-3)	Glencross and Smith(1999)

续表

种类	需要量	参考文献
斑节对虾	1.2% (18：2n-6)	Glencross and Smith (1999)
中国对虾	0.7%~1.0% (18：3n-3)	Xu et al. (1993)
18：3n-3>18：2n-6		
日本囊对虾	—	Kanazawa et al. (1977b)
中国对虾	—	Xu et al. (1994)
20：5n-3 或 22：6n-3		
日本囊对虾	1.1% (20：5n-3)	Kanazawa et al. (1978)
斑节对虾	0.9% (20：6n-3)	Glencross and Smith (2001a)
斑节对虾	0.9% (20：5n-3)	Glencross and Smith (2001a)
中国对虾	1.0% (20：6n-3)	Xu et al. (1994)
罗氏沼虾	0.075% (22：6n-3)	D'Abramo and Sheen (1993)
南美白对虾	0.50% (20：5n-3；22：6n-3)	Gonzale-Félix et al. (2003)
20：4n-6		
罗氏沼虾	0.08%	D'Abramo and Sheen (1993)
斑节对虾	—	Glencross and Smith (2001b)
南美白对虾	0.50%	Gonzale-Félix et al. (2003)
n-3/n-6		
细脚滨对虾	1.18：1 (18：3n-3：18：2n-6)	Fenucci et al. (1981)
锯齿长臂虾	0.45% (18：3n-3：18：2n-6)	Marin (1980)
罗氏沼虾	0.083% (18：3n-3：18：2n-6)	Teshima et al. (1994)
斑节对虾	2.4：1 (n-3：n-6)	Glencross and Smith (2002a)

罗氏沼虾的大部分生活周期是在淡水中度过的。研究发现，摄食花生四烯酸或二十二碳六烯酸的对虾组增重率显著高于仅摄食饱

和脂肪酸和单不饱和脂肪酸组（粗脂肪为60g/kg饲料干物质）。此外，饲料中添加鱿鱼内脏膏来源的EPA和DHA能够显著提高罗氏沼虾的生长速率。该研究还表明亚油酸和亚麻酸不具有促生长效果。

对虾饲料最适脂肪水平的确定除了要满足对必需脂肪酸的需求外，还要考虑动物利用脂肪、糖类和蛋白质的能力。使用鱼油和植物油使其达到适宜的长链多不饱和脂肪酸水平和$n-3/n-6$多不饱和脂肪酸比例是较好的选择。海水虾饲料中需要50~60g/kg粗脂肪，其中需要15g/kg的亚麻酸、10g/kg左右的亚油酸、3g/kg左右的EPA和DHA。而淡水甲壳类动物对长链多不饱和脂肪酸的需求较低，仅依靠$n-6$多不饱和脂肪酸就可获得理想的生长效果。

消化率也是影响饲料脂肪水平的因素。大多数人工配合饲料的研究表明，脂肪的表观消化率普遍很高。但是，饲料脂肪水平低于4.5%或大于10%均会降低斑节对虾成虾的脂肪消化率。此外，不同脂肪源的脂肪消化率也不同，在斑节对虾的研究中，与豆油和棕榈油等植物油相比，鳕鱼肝油、沙丁鱼油、精炼乌贼油的消化率更高。在不同种类脂肪源中，甘油三酯的消化率最高，其次是磷脂、甾醇和游离脂肪酸。多不饱和脂肪酸的消化率显著高于饱和脂肪酸，饱和脂肪酸的消化率随着碳链的增加而降低，而单不饱和脂肪酸的消化率随着碳链的增加而增高。

在研究对虾的必需脂肪酸需求量时，生态系统也是需要考虑的一个因素。在半集约化池塘养殖系统中，由于动物能够从自然环境中摄取一定量的必需脂肪酸，因此可以相应地减少饲料中必需脂肪酸的添加量，这是饲料配制时需要注意的一个重要方面。随着海洋来源EPA和DHA供应量的日益短缺，不久之后它们可能就会成为对虾饲料生产中的限制因素。因此，依靠营养全面均衡的饲料来维持高密度养殖系统的可行性和可持续性值得怀疑。相比之下，像前面提到的半集约化池塘养殖系统则可以大大降低对必需脂肪酸的依赖。

饲料中添加不同的磷脂已被证明是仔虾及幼虾生长和存活所必需的（表1-4）。在多数研究中，磷脂来源于大豆卵磷脂。研究表明，成虾并不需要在饲料中额外添加磷脂，而在虾的早期发育阶段，由于体内磷脂合成的能力不足，需要在饲料中额外添加磷脂来满足早期快速发育阶段的需要，这表明虾类对磷脂的需求具有发育阶段特异性。商品饲料中，饲料级卵磷脂的添加量一般在2.5%~3.5%。值得注意的是，淡水种类罗氏沼虾和红螯螯虾的幼虾并不需要磷脂，这说明对磷脂的需求可能是海水虾蟹类所特有的。

表1-4　仔虾及幼虾的磷脂需要量

种类	需要量	参考文献
斑节对虾	1.0%~1.5%	Paibulkchakui et al.（1998）
斑节对虾	80%纯度的大豆磷脂酰胆碱	Chen（1993）
长毛明对虾	80%纯度的大豆磷脂酰胆碱	80%纯度的大豆磷脂酰胆碱
南美白对虾	1.5%磷脂酰胆碱（大豆瓣）6.5%脱脂大豆卵磷脂	Coutteau et al.（1996b）
日本囊对虾	1.0%（磷脂酰胆碱+磷脂酰乙醇胺）	Kanazawa et al.（1997c）
日本囊对虾	3.0%大豆（卵磷脂）磷脂乙酰乙醇胺和磷脂酰肌醇	Teshima et al.（1986a，b）
日本囊对虾	3.0%大豆卵磷脂	Kanazawa（1983）
日本囊对虾	0.5%~1.1%（磷脂酰胆碱和磷脂酰肌醇）	Kanazawa et al.（1985）
墨吉明对虾	2.5%大豆卵磷脂（60%纯度）	Thongrod and Boonyaraypalin（1985）

虾蟹类自身缺乏合成胆固醇的能力。实验发现，虾蟹类饲料中需额外添加胆固醇（表1-5），否则将导致生长缓慢或死亡率升高。研究结果表明，饲料中胆固醇的需要量一般占饲料干重的0.2%~1%。过量添加胆固醇则会抑制对虾的生长。胆固醇是生物体组织中多种功能性物质的前体。在肝脏中，胆固醇可转化形成胆汁酸，而后与牛磺酸等物质结合并储存于胆囊中。胆汁分泌进入肠道后，胆汁酸参与食物中脂质和脂溶性维生素的乳化。在皮肤中，胆固醇前体在紫外线照射下可转换成维生素D_3。维生素D_3是活性维生素D的前体，维生素D与钙的吸收直接相关。此外，胆固醇还是类固醇激素合成的前体物质。类固醇激素为典型的核激素，具有调控基因转录的效应，但更倾向于通过快速的非基因调控途径发挥作用。

表1-5　虾类和其他甲壳动物的胆固醇或固醇需要量

种类	需要量	参考文献
胆固醇		
南美白对虾	0.3%	Gong et al.（2000）
日本囊对虾	0.50%	Kanazawa et al.（1971）
日本囊对虾幼体	1.00%	Teshima et al.（1983）
日本囊对虾	0.2%	Shudo et al.（1971）
日本囊对虾	2.00%	Deshimaru and Kuroki（1974）
美洲螯虾	0.50%	Kean et al.（1985）
美洲螯龙虾	0.50%	Castell et al.（1975）
淡水螯虾	0.40%	D'Abramo et al.（1985b）
胆固醇+磷脂		
南美白对虾	0.14%（1.5%脱脂大豆卵磷脂）	Gong et al.（2000）

续表

种类	需要量	参考文献
南美白对虾	0.13%（3.0%脱脂大豆卵磷脂）	Gong et al.（2000）
美洲螯龙虾	（8%大豆卵磷脂）	D'Abramo et al.（1985a）

随着饲料中脂肪含量和多不饱和脂肪酸特别是长链多不饱和脂肪酸含量的增加，饲料容易发生脂质过氧化，从而危害虾蟹类的正常生长和健康状况。因此，需要在饲料中添加抗氧化剂如维生素 E。

脂质不仅是重要的能量物质，而且是必需脂肪酸、胆固醇、磷脂和脂溶性维生素等功能性的物质提供者。鱼油是水产饲料传统的脂肪源，它含有丰富的长链多不饱和脂肪酸，是维持河蟹、幼蟹理想的生长率、变态性能和非特异性免疫的最佳选择。前人以鱼油为主要脂肪源对河蟹的脂肪需求做了很多研究，具体的总结见表1-6，不同生长阶段的河蟹的最适脂肪需求量并不相同，甚至同一阶段下不同研究者得到的结果也不一致，这可能与各研究者所进行的实验中饲料中的脂肪源成分、非脂肪类营养物质、河蟹来源和实验环境等有关，但总体而言，河蟹的最适脂肪需求不低于3%。

表1-6 中华绒螯蟹不同生长阶段对脂肪的最适需求量

生长阶段	评价指标	需求量/%	参考来源
溞状幼体（Ⅰ~Ⅴ期）	成活率、增重率和脂肪酶活性	4~8	Zhang 等，2011
大眼幼体	成活率、增重率和脂肪酶活性	10	Zhang 等，2011
大眼幼体至0.1g幼蟹	成活率和增重率	7.1	徐新章，1998
大眼幼体至Ⅲ期幼蟹	成活率	17.39	王志忠等，2001
幼蟹（0.1~10g）	成活率和增重率	6.8	徐新章，1992
幼蟹［(0.85±0.09)g］	成活率、摄食率和增重率	6.61~9.96	汪留全等，2003

续表

生长阶段	评价指标	需求量/%	参考来源
幼蟹（2.2~5.6g）	成活率、增重率和饵料系数	5.2	刘学军等，1990
幼蟹（5g）	成活率、特定生长率和饵料系数	3	陈立侨等，1994
幼蟹［(5.8±1.5)g］	增重率和脂肪酸合成酶	4	李伟国等，2010
幼蟹（10.5~14.2g）	表观消化率	8.87	林仕梅等，2001
幼蟹［(12.79±2.87)g］	生长性能、饵料转化率和能量收支	9	周宏宇等，2009
幼蟹（19~25g）	增重率和饵料效率	4~6	钱国英等，1999

近年来，鱼油短缺已成为制约水产养殖可持续发展的瓶颈，为突破这一瓶颈，寻找替代鱼油作为饲料主要脂肪来源的研究成为近年来的热门。实际上，在许多水生动物的营养需求中研究了多种植物油源的替代效果，常见的植物油有大豆油、菜籽油、橄榄油、亚麻油、棕榈油等。植物油拥有鱼油不可比拟的优点如价格低廉、来源广泛、供应充足等，不仅如此，其含有丰富的亚麻酸和亚油酸，被广泛应用于替代鱼油，可以在达到良好的生长效果的同时为水生生物提供所需的必需脂肪酸。

（1）大豆油。

大豆油现已成为全球最常用的植物油，也是日常家庭中广泛使用的食用油之一。大豆是我国重要的粮食作物，大豆油是从大豆中提取出来的具有大豆香味的油脂，呈半透明状、是颜色偏黄褐色的黏稠液体。大豆油富含 $n-6$ 多不饱和脂肪酸，其产量在世界油脂产量中占首位，拥有成本低、质量易于控制的优点。

在甲壳类动物的研究中，饲料中大豆油的添加不会对罗氏沼虾的生长起到促进作用。夏爱军等发现，与其他脂质来源相比，饲喂富含亚油酸的大豆油时，中华绒螯蟹的生存性能更好。陈彦良等的实验表明，以75%的大豆油替代鱼油的饲料饲养河蟹6周，能够明显提高幼蟹的免疫能力和抗病力并得到良好的生长性能。李伟国则

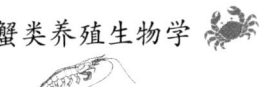

发现摄食大豆油的河蟹，其肝胰腺的脂肪酸合成酶基因比摄食鱼油的显著上调。

（2）菜籽油。

菜籽油拥有比例较为均衡的亚油酸和亚麻酸，一般为2：1，被认为是线粒体能量代谢偏好的底物。在中华绒螯蟹的研究中发现，2和6盐度条件下的菜籽油的效果优于鱼油。

（3）亚麻油。

亚麻是一种特殊的油料作物，也是世界十大油料作物之一，通过对亚麻进行压榨、过滤和精制等一系列工艺流程，可以得到亚麻油，其不仅可以作为日常食用油加以使用，也在保健和医药等领域被广泛地开发利用。

（4）棕榈油。

棕榈是一种单子叶植物，其生产地较为集中，世界上主要的生产国是马来西亚和印度尼西亚，在我国主要在云南、海南以及两广地区分布。通过对热带木本植物的提取，例如油棕，可以获得棕榈油，其含有大量以棕榈酸为主要成分的饱和脂肪酸。在当下国际市场中鱼油资源紧缺，棕榈油是产量最高的植物油，在水生动物膳食营养的脂肪源替代的研究中颇受关注。在河蟹的饲料脂肪源研究中也发现棕榈油有良好的供能效果，不仅利于幼蟹的生长，也能够促进机体蛋白质的累积，可以作为幼蟹配合饲料的合适脂肪源。

3. 糖类

糖类指的是一大类主要由碳、氢、氧组成的含有一个或多个醛基或酮基的多元醇。通常认为，糖类不是虾蟹类所必需的营养物质。因为摄食不含糖类的饲料，虾蟹类能存活并生长，这可能是由于其可利用非糖前体经糖异生途径合成葡萄糖。此外，通过糖异生作用，动物肝脏和肌肉中储存的糖原也可转化形成葡萄糖。

由于淀粉类原料比蛋白质类和脂肪类更加便宜，因此在鱼虾饲料中添加可消化淀粉（表1-7）有助于达到环境调控和经济性目的。饲料中糖类对蛋白质节约效应的效率与水产动物的种类有关。

表1-7　鱼、虾饲料原料中的淀粉含量及特性

来源	淀粉含量/(%干物质)	糊化温度	颗粒大小/μm	直链淀粉含量/%
大麦	58.7	51~60	20~25	22
玉米	69	63~72	35~40	21~28
糯玉米	—	63~72	20	1
高直链玉米	—	67~80		70
土豆	73	59~68	40（15~100）	20~23
水稻	88	—	—	17~22
糯米	—	68~78	8	0
黑麦	61	57~70	28（12~40）	27
高粱	61	68~78	25（15~35）	23~28
糯质高粱	—	—	—	—
小麦	65~68	58~64	22（2~26）	26（23~27）

淀粉是许多植物用于储存能量的最主要的多糖形式。淀粉积累在块茎或谷物的胚乳中，而在豆类等陆生植物和海藻中的淀粉含量很低。结构复杂的糖类比简单的糖分子尤其是葡萄糖具有更好的促生长作用。在日本囊对虾饲料中分别添加10%的淀粉、糊精、葡萄糖和蔗糖，发现添加淀粉组的饲料效率最高，其次是蔗糖和糊精。研究还发现淀粉比葡萄糖或糊精具有更好的蛋白质节约效应。一般来说，虾类饲料中可消化淀粉的推荐添加量为20%~40%，而纤维素含量应尽可能保持低水平，并且不能超过10%。

对虾外壳中含有外骨骼的主要结构成分——甲壳素。因此，在对虾饲料中添加甲壳素被认为会产生良好的效果。甲壳素的添加对于不同虾类产生的效果不同，这主要取决于添加的形式。在饲料中

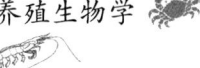

添加5%的甲壳素可以提高斑节对虾的生长,然而添加壳聚糖则会抑制对虾生长且与添加量没有关系。

4. 矿物元素

与其他大多数营养素相比,对甲壳类动物的矿物质营养的研究较少(表1-8)。除了能从饲料中获得矿物元素外,水产动物还可以从生活的水体中吸收某些矿物质。矿物元素在水生动物体内的代谢不仅受到饲料中矿物元素含量的影响,也受到水体中矿物元素浓度及组成的影响。水体中矿物元素含量及组成可能对机体的渗透压调节、离子调节和酸碱平衡产生影响。水生动物可通过鳃吸收多种矿物质来满足其代谢的需要。水生动物从饲料或水环境中摄取矿物质,以及通过尿和粪便排出矿物质的过程受到机体渗透压调节的影响,该过程影响了机体对环境盐度的适应。

表1-8 甲壳动物对矿物质的需求量

常量元素	种类	饲料蛋白源	需要量	参考文献
钙	日本囊对虾	酪蛋白—全卵蛋白	非必需	Deshimaru and Yone(1978)
		鱿鱼粉	1.2%	Kitabayashi et al.(1971)
		酪蛋白	1.0%~2.0%	Kanazawa et al.(1984)
	南美白对虾	酪蛋白—明胶	非必需	Davis et al.(1973a)
	斑节对虾	酪蛋白—明胶	非必需	Penaflorida(1999)
磷	日本囊对虾	酪蛋白—全卵蛋白	2.0%	Deshimaru and Yone(1978)
		酪蛋白	1.0%~2.0%	Kanazawa et al.(1984)
		鱿鱼粉	1.0%	Kitabayashi et al.(1971)
	南美白对虾	酪蛋白—明胶	Ca:2%	Davis et al.(1973a)
		酪蛋白—明胶	Ca:0.5%	Cheng et al.(2006)
磷	斑节对虾	豆粉—鱼粉	>1.33%、实用饲料0.5%	Pan et al.(2005)

续表

常量元素	种类	饲料蛋白源	需要量	参考文献
钙磷比	美州螯龙虾	酪蛋白—明胶	(0.74 总 P)、低钙	Penaflorida (1999)
	美洲螯龙虾（幼虾）	酪蛋白、酵母	0.56∶1.10	Gallgher et al. (1978)
	美洲螯龙虾（成虾）	酪蛋白—鱼粉	1∶1	Gallgher et al. (1982)
	日本囊对虾	鱿鱼粉	1.2∶1.04	Kitabayashi et al. (1971)
	加州对虾	豆粕、虾头粉、鱼粉	2.06∶1, <2.42∶1	Huner and Colvin (1977)
钾	南美白对虾	酪蛋白—明胶	不清楚	Davis et al. (1973a)
	日本囊对虾	酪蛋白—全卵蛋白 酪蛋白	1% 0.9%	Deshimaru and Yone (1978) Kanazawa et al. (1984)
	斑节对虾	酪蛋白 酪蛋白	1.20% 1.09%	Shiau and Hsieh (2001b) Zhu et al. (2006)
镁	日本囊对虾	酪蛋白—全卵蛋白 酪蛋白	非必需 0.3%	Deshimaru and Yone (1978) Kanazawa et al. (1984)
	南美白对虾	酪蛋白—明胶	0.26%~0.35%	Cheng et al. (2005)
铜	日本囊对虾	酪蛋白	非必需	Kanazawa et al. (1984)
	中国对虾	鱼粉、花生粕	53mg/kg	Liu et al. (1990)
	南美白对虾	酪蛋白—明胶	16~32mg/kg	Davis et al. (1993b)
	斑节对虾	酪蛋白	10~30mg/kg	Lee and Shiau (2002)

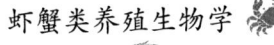

续表

常量元素	种类	饲料蛋白源	需要量	参考文献
铜	中国对虾		25.3mg/kg	Wang et al.（1997）
	日本囊对虾	酪蛋白—全卵蛋白	非必需	Deshimaru and Yone（1978）
铁	日本囊对虾	酪蛋白	非必需	Kanazawa et al.（1984）
	南美白对虾	酪蛋白—明胶	非必需	Davis et al.（1992b）
	日本囊对虾	酪蛋白	非必需	Kanazawa et al.（1984）
锰	日本囊对虾	酪蛋白	非必需	Kanazawa et al.（1984）
	南美白对虾	酪蛋白—明胶	需要	Davis et al.（1992a）
硒	南美白对虾	酪蛋白	0.2%~0.4%	Davis et al.（1990）
锌	斑节对虾	酪蛋白—明胶	32~34mg/kg（生长）35~48mg/kg（免疫）	Shiau and Jiang（2006）
	南美白对虾	酪蛋白—明胶	15mg/kg	Davis et al.（1993c）

　　常量矿物元素在饲料中的需要量以及体内的需要量相对较高。常量矿物元素的功能包括参与骨骼和其他硬质组织的形成、电子传递、酸碱平衡、膜电位以及渗透压调节。

　　研究表明，甲壳类动物对磷的需要量明显高于鱼类。日本囊对虾饲料中磷的推荐量为1%~2%。在南美白对虾的研究中发现，在饲料中添加不同水平的磷酸二氢钙，以增重率和饲料效率为评价指标，磷需要量为1.33%。此外，南美白对虾磷的需要量受到饲料中钙含

量的影响，当饲料中不添加钙时，南美白对虾饲料中有效磷的适宜添加量为0.77%，当添加1%的钙时，磷的需要量则增至1.22%。饲料中的钙能够影响磷的可利用率，因此应避免饲料中的钙含量超过2.5%。尽管没有一个最佳的恒定钙磷比值，但商业配方中钙磷比小于2∶1，可以使得对虾获得较好的生长。海水养殖的南美白对虾饲料中不需要添加钙，即使在2的低盐度水体中南美白对虾也没有表现出对钙的需要。尽管饲料发挥着提供矿物元素的重要作用，但甲壳类动物能够通过饮水或者直接由鳃、外骨骼吸收某些矿物质。

研究表明，海水中的铜不能满足对虾的生理需要，必须由饲料提供以保证最大生长和组织矿化。此外，以铜为呼吸色素组分的无脊椎动物对铜的需要量似乎要高于以铁为呼吸色素组分的脊椎动物。在甲壳类动物中，肝胰腺是最富含铁的器官，已在两种虾的血淋巴中发现了多种铁转运蛋白的存在，表明甲壳类动物存在着与脊椎动物类似的铁调节机制。除消化系统之外，鳃在铁代谢中也起着积极作用，在斑纹黄道蟹蜕壳周期中，铁通过在鳃瓣周围形成包囊物而积累，蜕壳时随壳脱落。

在食用饲料的各种原料中，鱼粉是矿物质丰富的来源，肉骨粉、羽毛粉、鸡肉粉等动物源的饲料原料中矿物质含量相对丰富。植物性饲料原料中矿物元素含量通常较低，并且可能还有一些降低元素利用率的抗营养因子而需要额外添加矿物元素。南美白对虾对磷的表观利用率如下：磷酸二氢钙46%、磷酸氢二钙19%、磷酸钙10%、磷酸二氢钾68%、磷酸二氢钠60%。此外，有机螯合态矿物质的生物利用率普遍高于无机形式的矿物质，但大多数螯合矿物质成本高于无机形式的矿物质，从而限制了其在水产养殖中的广泛应用。

5. 维生素

维生素是一类不同于氨基酸、糖类、脂类的有机化合物。动物需要从外界（通常是饲料）摄入微量的维生素，以维持机体生长、

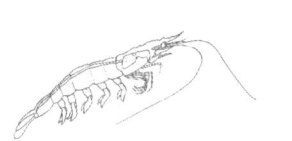

繁殖和健康。维生素可分为水溶性维生素和脂溶性维生素两大类。其中，水溶性维生素的需要量相对较少，通常共有 8 种，被称为 B 族维生素。而胆碱、肌醇和维生素 C 的需要量相对较大。脂溶性维生素主要包括维生素 A、维生素 D、维生素 E 和维生素 K。对虾维生素需求量详见表 1-9。水产动物对维生素的需要量还受大小、年龄、生长率、各种环境因子和营养物质之间相互作用的影响。因此，针对维持同一种类正常生长的维生素需要量，不同的研究者获得的结果存在较大的差异。有研究表明，对虾具有一定的维生素 C 合成能力，但合成量似乎不能满足甲壳类动物幼体的需要。大量的实验证据表明，维生素 C 参与了包括生长、繁殖、应激反应、伤口愈合和免疫反应等众多生理过程。虽然有些研究未能证明维生素 C 在甲壳类动物中的必要性，但有研究表明饲料中缺乏维生素 C 会影响生长和胶原蛋白的形成。此外，南美白对虾和加州美对虾出现的黑死病与抗坏血酸营养状况不良有关。在日本囊对虾的研究中发现，饲料中的抗坏血酸水平与死亡预防作用具有明显相关性。在斑节对虾和南美白对虾中也发现了类似的病症。南美白对虾摄食维生素 C 缺乏的饲料，除了黑死症外，还出现体色异常、肝胰腺水肿、静止不动和对外界干扰缺乏反应等症状。日本对虾的维生素 C 缺乏症有所不同，表现为头胸甲边缘、下腹部和步足的前端褪色，并发展为异常的灰白色。维生素 C 的颗粒在经过蒸汽制粒和存储的时候，维生素 C 活性大约只能保留 20%。因此，为了确保动物在摄食时获得足够的维生素 C，配方师应以需要量的 5 倍添加晶体氨基酸或使用维生素 C。此外，还可以在维生素 C 第 2 个碳上增加功能基团，从而使其免于被快速氧化。第一个开发出的此类产品是稳定性很高的抗坏血酸-2-硫酸酯，但其生物活性较低。第二个产品是抗坏血酸多聚磷酸盐，它具有完整的生物活性。但由于多聚磷酸的分子量相对较大，因此其生物活性相对较低。最新研制出的抗坏血酸-2-单磷酸酯提高了以分子质量为基础的抗坏血酸含量，因而在饲料商业化生产过程中被广泛使用。

表1-9 不同种类对虾维生素的需求量

维生素和对虾	需要量/(U/kg饲料)	评价标准	参考文献
维生素A			
斑节对虾	2.51mg	WG	Shiau and Chen (2000)
南美白对虾	1.44mg	WG	He et al. (1992)
中国对虾	36~54mg	WG	Chen and Li (1994)
维生素D			
斑节对虾	100ug	WG、ED	Shiau and Hwang (1994)
维生素E			
斑节对虾	85~89mg	WG、THC	Lee and Shiau (2004)
南美白对虾	99mg	WG	He and Lawrence (1993a)
维生素K			
斑节对虾	30~40mg	WG	Shiau and Liu (1994a)
中国对虾	185mg	WG	Shiau and Liu (1994b)
维生素B_1			
斑节对虾	14mg	WG	Chen et al. (1991)
日本囊对虾	60~120mg	WG	Deshimaru and Kuroki (1979)
印度明对虾	100mg	WG	Boonyaratpalin (1998)
维生素B_2			
斑节对虾	22.5mg	MLS	Chen and Hwang (1992)
日本囊对虾	80mg		NRC (1983)
维生素B_6			
斑节对虾	72~89mg	WG、ED、MLS	Shiau and Wu (2003)
日本囊对虾	120mg	WG	Deshimaru and Kuroki (1979)

续表

维生素和对虾	需要量/(U/kg 饲料)	评价标准	参考文献
南美白对虾	80~100mg	WG	He and Lawrence (1991)
印度明对虾	100~200mg	WG、SUR	Boonyaratpalin (1998)
泛酸			
斑节对虾	101~139mg	WG、ED、MLS	Shiau and C. W. Hsu (1999)
中国对虾	100mg	WG	Liu et al. (1995)
印度明对虾	750mg	WG、SUR、	Boonyaratpalin (1998)
烟酸			
斑节对虾	7.2mg	WG	Shiau and Suen (1994)
日本囊对虾	400mg		NRC (1983)
印度明对虾	250m	WG、SUR	Boonyaratpalin (1998)
生物素			
斑节对虾	2.0~2.4mg	WG	Shiau and Chin (1998)
中国对虾	0.4mg	WG	Liu et al. (1995)
维生素 B$_{12}$			
斑节对虾	0.2mg	WG	Shiau and Chin (1998)
中国对虾	0.01mg	WG	Liu et al. (1995)
叶酸			
斑节对虾	1.9~2.1mg	WG、MLS、HSI	Shiau and Huang (2001b)
中国对虾	5mg	WG	Liu et al. (1995)
胆碱			
斑节对虾	6200mg	WG	Shiau and Lo (2001)

续表

维生素和对虾	需要量/(U/kg 饲料)	评价标准	参考文献
日本囊对虾	600mg	WG NR	Kanazawa et al. (1976)
肌醇			
斑节对虾	3400mg	WG、MLS、HSI	Shiau and Lo (2001)
日本囊对虾	2000mg	WG	Kanazawa et al. (1976)
中国对虾	4000mg	WG	Liu et al. (1993)

注 WG：增重率，ED：酶数据，THC：总细胞数，MLS：肝脏最大累积量，SUR：存活率，HSI：肝体指数。

6. 其他添加剂

饲料添加剂在传统上是指饲料中添加的非营养性成分或原料中非营养性的组成成分。在饲料中添加此类物质可以影响饲料的物理或化学性质，影响水产动物的行为或养殖产品的质量。影响饲料质量的添加剂包括颗粒黏合剂、防霉剂、抗氧化剂以及诱食剂。此外，酸化剂、着色剂、酶制剂、免疫增强剂、益生菌和益生元等物质也属于此类饲料添加剂。

在水产饲料中，可通过添加防霉剂抑制霉菌生长，并防止其他微生物污染。常用的防霉剂包括苯甲酸、丙酸、山梨酸以及对应的钙、钾和钠盐。

（1）抗氧化剂。

海洋生物的油脂和某些植物油含有较高水平的多不饱和脂肪酸，这些不饱和脂肪酸非常容易自动氧化，氧化产物含有醛、酮及自由基。饲料中脂质氧化产物能够直接影响水产动物的健康，或加剧那些具有抗氧化功能维生素的缺乏。温度等环境因素以及饲料中的水分、脂肪水平及脂肪酸的不饱和度都能够影响脂肪氧化速率。常用的抗氧化剂有乙氧基喹啉、丁基羟基甲氧苯（butyl hydroxyanisole，

BHA)、二丁基羟基甲苯（butylated hydroxytoluene，BHT）以及五倍子酸酯等。美国食品与药品监督管理局允许 BHA 和 BHT 的最大使用剂量为脂肪含量的 0.02%，而乙氧基喹啉在饲料中的添加量不超过 150mg/kg。

（2）黏合剂。

在水产饲料中使用黏合剂可以提高颗粒饲料在水中的稳定性，增强颗粒硬度，减少加工处理过程中粉尘的产生。虾蟹的摄食习性决定了饲料被摄食之前需要在水中保留较长时间，因此在饲料中添加黏合剂尤为重要。目前，应用较广泛的黏合剂包括膨润土钠盐和钙盐、木质素磺酸盐、半纤维素、羟甲基纤维素、海藻酸钠、瓜尔胶和淀粉。淀粉在糊化后能使饲料颗粒在水中具有持久的稳定性。因此，通过挤压膨化工艺生产的饲料的配方中不需要额外添加黏合剂。某些特定的饲料成分如乳清、小麦粉、预糊化淀粉、糖浆等饲料原料被称作营养型黏合剂。

（3）着色剂。

对虾能够利用氧化类胡萝卜素也就是叶黄素使其肌肉、皮肤和卵着色。由于自身不能合成这些色素，因此必须在饲料中额外添加。虾青素是甲壳类的主要色素，在外骨骼的色素中所占比例最大。在龙虾幼体饲料中分别添加不同类型及不同来源的类胡萝卜素化合物，发现龙虾体色与虾青素含量与类胡萝卜素化合物的类型和来源直接相关，以及与类胡萝卜素化合物在体内虾青素合成途径中所处的位置相关，越靠近终端产物效果越显著。养殖的对虾呈现蓝色的体色，而非野生虾的墨绿色，可能就是由于饲料中类胡萝卜素含量不足。以基本满足消费者对水产品色泽接受度的要求为标准，虾青素的推荐量为 50~100mg/kg。此外饲料中推荐添加量还与不同类胡萝卜素化合物的可利用率有关。在罗氏沼虾和南美白对虾幼体饲料中，每 100g 饲料添加 230mg 角黄素的着色效果与饲喂活体卤虫无节幼体的效果相当。甲壳动物饲料中的类胡萝卜素来源包括南极磷虾、螺旋藻、红法夫酵母和雨生红球藻等。

(4) 生物酶。

植物原料中磷的主要储存形式为植酸磷，而水产动物对植酸磷的利用率非常低，植酸磷随排泄物排出体外可能导致养殖水体的富营养化。在饲料中添加植酸酶以提高植酸磷利用率的做法得到了广泛的普及。通常来说，饲料中添加 500~1000U/kg 植酸酶能够显著提高植酸磷的利用率，增加骨骼灰分、磷含量和磷的沉积，从而降低粪便中的残留量。

(5) 有机酸。

乙酸、丁酸、柠檬酸、甲酸、乳酸、苹果酸、丙酸、山梨酸等有机酸已作为酸化剂在动物饲料中广泛使用。已经证明这些有机酸能够发挥各种积极的作用，如通过抑制饲料中微生物的生长来提高饲料中营养素的利用率，改变动物胃肠道功能和能量代谢来提高动物的生产性能。

(6) 饲料诱食剂。

普遍认为鱼粉、磷虾粉、虾粉、鱼油和各种水解蛋白等海洋生物来源的原料对于水产动物来说具有很好的适口性。当用植物性原料替代适口性较好的海洋性饲料原料时，常会导致养殖动物对饲料的接受程度降低。通过添加天然和人工合成的成分能够有效克服海洋性原料缺乏时导致的适口性下降的问题，这些成分可被称为适口性增强剂、味觉刺激物或者饲料诱食剂。研究表明，甘氨酸是多种肉食性水产动物的诱食剂，在饲料中的适宜添加量为2%。此外，甜菜碱以及甜菜碱复合物、甘氨酸和其他氨基酸的混合物也具有诱食效果。在以植物性原料为主的饲料中添加2%~4%的L-丙氨酸、L-丝氨酸、次黄嘌呤核苷酸和甜菜碱混合物以及其他几种氨基酸诱食剂混合物可以改善肉食性水产动物的摄食量。

(7) 免疫增强剂。

免疫增强剂是对水生生物的健康和免疫力具有积极作用的饲料添加剂，在饲料中添加非营养性免疫增强剂能够有效提高多种水生动物的免疫力和抗病力。常用的免疫增强剂有 β-葡聚糖、脂多糖、

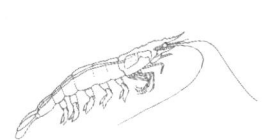

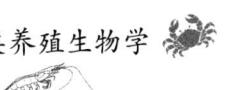

肽聚糖等。饲料中添加益生菌可以提高水产动物的生长及其对多种疾病的抵抗力。然而也并非所有关于益生菌的研究都表明益生菌具有积极性的作用。除多种细菌外，噬菌体、真菌也可作为饲料益生菌添加剂。因此益生菌作为一种促进水产动物健康的饲料添加剂正表现出越来越重要的作用。益生元是一类不可被消化利用的成分，它通过选择性地刺激肠道内有益细菌的生长与活性，从而对机体产生有益的影响。研究发现甘露寡糖、低聚果糖、低聚半乳糖等低聚糖以及某些商业化产品对虾蟹类具有益生元的作用。

三、影响摄食的因素

虾蟹类的摄食受多种因素影响，如年龄、季节、水质和生理状况等。摄食强度在不同的生活阶段、生理时期表现出较大的差异。温度、盐度和水质等环境条件适宜，快速生长时摄食强度大，多数个体的胃处于饱满或半饱满状态。而对于大部分温带种类，越冬期间或其他水温较低的时间，摄食强度较低，空胃、残胃者较多。有洄游习性的种类，在洄游途中摄食强度不高，空胃者比例较大，到达产卵场后摄食强度明显增强。虾蟹类在环境不良或病理状况下，摄食强度也会大大下降，甚至完全停止摄食。因此，通过观察胃肠道的饱满程度可以帮助判断它们的健康情况。虾蟹类正常生长时，其摄食强度也会随着蜕壳周期而波动上升，一般在蜕壳前1天摄食量骤减，待蜕壳完毕后的2~3天内，摄食量猛增，甚至超过蜕壳前1倍之多，之后会有小幅下降，如此重复。自然水域中，虾蟹类的摄食节律与潮汐也有一定相关性，滩栖种类多在退潮后出穴觅食，涨潮时则多躲避于洞穴之中。农历初一、十五的大潮汛期间，也多是虾蟹类蜕壳的高峰期，此时它们的摄食也会受到相应的影响。

虾蟹类的摄食强度也与其繁殖行为相关。交配季节，雄性个体通常摄食强度较低，空胃、残胃者居多，交尾结束后则大量进食。有一些蟹类具有交配前"守护"的特性，如中华虎头蟹在前一年秋季交配时，雄性会用螯肢夹住雌性，这种拥抱姿势会一直持续2~3

周，在这期间它们基本不摄食。多数虾蟹类具有多次产卵的特性，在繁殖期它们会大量摄食以补充性腺发育所需要的能量，此时期它们可能会克服白天潜伏的习性，四处寻觅食物。实验室条件下，抱卵日本蟳全天每个时段（4h）的摄食频率均为100%，即表现为全天不间断摄食，而无抱卵蟹表现出明显的昼夜摄食节律，白天基本不摄食；抱卵蟹摄食强度也明显增加，极显著高于非抱卵蟹。

  光照作为重要的环境因子直接或间接地影响着虾蟹类的摄食行为。自然条件下，多数虾蟹类具有明显的摄食周期，通常白天潜伏，夜间觅食，一般在日落后活跃，捕食旺盛，夜间摄食明显多于白天。养殖虾蟹类的摄食节律研究能够为生产中制定合理的投喂方案提供参考，具有重要的应用价值，因此也备受关注。研究发现，中国对虾在夜间摄食活跃，在18:00—21:00和3:00—6:00出现两个摄食高峰，相同的结果也出现在三疣梭子蟹、中华绒螯蟹等养殖蟹类中。而也有研究认为，有些虾蟹种类并无摄食节律，如克氏原螯虾一天有3个时段的摄食量较高，无明显的昼夜节律。对于虾蟹类幼体，除非蜕皮变态时有较长时间的摄食间歇外，一般观察不到明显的摄食节律。

  除光照强度、光照周期对虾蟹摄食有影响外，有关光色（波长）的研究也开始引起人们的关注。研究者采用自制的光照选择实验装置，研究了蓝光、红光、黄光和绿光对灰绿、暗红两种体色日本蟳成蟹摄食的影响。结果表明体色灰绿的"花盖"在蓝光和绿光中的摄食频率均高于其在另外两种光色中的摄食频率；而体色暗红的"赤甲红"在红光中的摄食频率显著高于其在另外3种色光中的摄食频率。

  有无底质对虾蟹类的摄食也会产生影响。具有潜底习性的种类在白天多潜伏于底质中，日落前后出来觅食；而无潜底习性的种类多在白天有觅食行为。采用间隔定时投喂方式，每隔4h投喂一次光滑河蓝蛤，研究了日本蟳在有、无底质条件下的昼夜摄食节律。结果表明，有底质组的摄食高峰出现在23:00—3:00，7:00—15:00有

少量摄食；无底质组的摄食高峰出现在19:00—23:00。有底质时，日本蟳19:00—7:00的摄食量占全天的比值及摄食频率显著高于7:00—19:00。

虾蟹类对饵料有一定的选择性。用沙蚕饲喂的中国对虾在更换饵料后表现出不同的偏好，捕自自然水域的群体喜食蛤类而不喜食乌贼；人工繁育的群体则明显地喜食乌贼而拒食蛤类。养殖中华绒螯蟹仔蟹对沙蚕、贝肉、鱼和虾等4种饵料的选择性由强至弱依次为沙蚕、贝肉、虾、鱼。实验室条件下，体质量为60~75g的日本蟳对光滑河蓝蛤、四角蛤蜊及菲律宾蛤仔3种贝类表现出明显的摄食喜好。雌、雄蟹对光滑河蓝蛤的饵料选择指数均大于0，为其喜好的食物，而在有或无底质时对四角蛤蜊和菲律宾蛤仔的饵料选择指数均小于0。虽然多数虾蟹类兼有腐食习性，常摄食动物尸体，但多数种类并不喜食动物尸体，在饲喂同种饵料时，明显地表现出对新鲜饵料的喜好。

四、栖息

1. 栖息分布

大多数虾蟹类栖息于近岸浅海或河口水域，且多分布于珊瑚礁、红树林、湿地、滩涂等区域，部分种类生活于淡水或潮湿的陆地。对虾属的种类全部为海水种类。真虾类既有海水种类也有淡水种类，有些则适应河口、半咸水环境。龙虾及海螯虾类均为海水种类，且多数为大洋性种类。螯虾类则多为淡水种类。绝大多数蟹类为海产种类，多喜欢栖息于近岸、潮间带，而梭子蟹科的某些种类则经常见于远洋。有些蟹类交配、产卵必须在海水中进行，如我国重要的经济蟹类——中华绒螯蟹就是在淡水中生长，到河口半咸水处繁殖。溪蟹类终生生活在淡水中。虾蟹类多分布在热带、亚热带地区，少数种类分布在温度较低的温带和寒带地区。多数虾类栖息于25℃等温线以内，很少在15℃等温线以外分布。

虾蟹类多为底栖生物，有些种类喜穴居，有的喜潜入泥沙中，

有些种类则喜栖居于水草、藻类丛中。很多虾蟹具有潜底习性，它们潜入底质的深度受种类、个体大小、底质特性以及环境因素的影响。梭子蟹科的种类常昼伏夜出，夜间觅食，在遇到障碍物或受惊吓时，即向后退或迅速下潜。大部分虾蛄类、鼓虾类、螯虾类及有些蟹类具有穴居习性。中华绒螯蟹在不利条件下或不能适时入海时即打洞穴居。淡水螯虾类，如克氏原螯虾（小龙虾）脱离母体后广泛生活于湖泊、河流、池塘、水沟及稻田中，它们挖穴栖息，有时躲藏在砾石、水草丰盛的隐匿处。它们的洞穴入口通常在水面周岸沼泽芦苇丛生的滩岸地带，一般为圆形，向下倾斜，曲折方向不一，深 30cm 左右，多成群分布。每个洞穴少则栖息一只虾，多则达数只。

还有些虾蟹类同其他动物营共栖、共生生活，或寄生于其他动物的体内或体外。如我们常在牡蛎、贻贝、扇贝或蛤子等双壳贝类的外套腔内发现体型较小的蟹（豆蟹），它们常借贝壳的保护而安全地生活，对寄主虽有影响，但并不会危及它们的生存。

2. 运动

虾蟹类的运动方式有游泳、后跃和爬行等形式。虾类利用腹部附肢（游泳足）摆动进行游泳。对虾类、真虾类的游泳足发达，游泳能力较强，如中国对虾洄游时游动距离可达数百公里。龙虾类、螯虾类及蟹类腹肢退化，一般不善游泳或游泳能力极弱。少数蟹类步足特化成桨片状，游动、潜沙迅速，如梭子蟹类。腹部发达的虾类可张开尾扇，腹部迅速向前弯曲，使身体向后上方突然跃起，随即重新伸直腹部，并展开步足与触角，使身体缓缓下沉，有时可进行连续的后跃运动，如此可以迅速逃避捕食者的追捕。爬行靠步足交替活动完成，使身体前进或后退。腹部发达的虾类向前爬行，也有个别种类雄性的螯足尤其巨大，如长臂虾、鼓虾等会倒着行走。蟹类的爬行则由于步足的位置及活动方式而大多向两侧横行。

虾蟹类浮游幼体凭借附肢的划动或身体的弹跳做间歇式的游动。对虾的无节幼体以附肢拍动做不连续的游动；溞状幼体可做向前的

蝶泳式游动或腹面向上的仰游，此时它们频繁划水不仅是为了移动身体，更重要的是借助附肢划水形成流过口附近的水流，进而提高摄食水中悬浮饵料的效率；糠虾幼体则倒立于水中向后做游泳式弹跳。真虾类和蟹类幼体破膜孵化即为溞状幼体，有的甚至为后期幼体，其游泳能力相对较强。蟹的溞状幼体腹部发达，不断向口前方卷曲，以协助运动与摄食。溞状幼体后期，即蜕皮变态为大眼幼体后，它们的游泳能力更进一步提升，捕食能力也随之加强。

3. 对环境的适应

（1）温度。

虾蟹类为变温动物，其生长、发育、繁殖及行为等直接受环境水温的影响。虾蟹类多分布于热带、亚热带地区，少数分布于温度较低的温带地区。依据虾蟹类对水温的适应程度可分为广温性种类和狭温性种类。热带种类的适宜生长温度在 25℃ 以上，水温低于 20℃ 时生长缓慢，致死温度多在 9~12℃。绝大多数观赏种类生活于热带的珊瑚礁海域，它们多为狭温性种类，对温度变化较为敏感。温带的虾蟹类可耐受较低的温度，且多为广温性种类。虾蟹类的行为也受温度影响，低温时其活动减少，潜入底质，至温度下限附近时甚至停止摄食，身体代谢降低，处于"休眠"状态。

（2）盐度。

虾蟹类对盐度的适应能力因种而异。纯淡水种类和大洋深海种类的耐盐范围一般较窄，称狭盐种类。在海水中繁殖的淡水种类，以及在河口地区、近岸水域生活的种类往往可以耐受范围较广的盐度变化，称广盐性种类。也有研究者根据个体发育中渗透压调节方式的变化，将虾蟹类分为：①渗透压调节随发育期而少有调节，成体调节能力弱。②渗透压调节能力通常在胚后发育 I 期即已建立，之后变化幅度不大。③渗透压调节能力随着变态发育而逐渐形成。广盐性种类可耐受较广的盐度范围，其对盐度的耐受力不仅要依靠自身发达的渗透调节机制而且要有相应的适应驯化过程，才能充分展现。盐度的急降、急升均不利于动物对盐度变化的适应。研究表

明，虾蟹处于低盐度水中时，需要消耗大量能量以维持机体渗透压调节，此时氧气消耗与氨氮排泄量增加，免疫机能降低，对水中氨氮的毒性尤为敏感。高浓度的氨会损伤鳃细胞。而低盐度时，血淋巴液中氨浓度升高，如此易导致虾蟹类氨中毒。

虾蟹类对盐度变化的适应通常与其血淋巴液等渗点的变化相对应，广盐性种类在较高或较低盐度的水中，其血淋巴液的等渗点数值变化要远小于狭盐种类。这一调节渗透压的过程通常要依靠鳃上皮细胞中的钠钾ATP酶（Na^+/K^+-ATPase）、碳酸酐酶等离子泵的作用，同时血淋巴液中游离氨基酸的种类和数量也随其中肌蛋白的合成与分解而变化，以协同配合此调节过程。另外，鳃上皮细胞膜的通透性，包括细胞膜孔道的数量及细胞膜中不饱和脂肪酸的组成与数量均会随着外界盐度的变化而发生响应。因此，动物自身的生理状态、营养水平以及遗传种质均是影响其对盐度适应的重要因素。除此之外，水中离子组成也能够影响虾蟹类的渗透调节，高的Na^+/K^+、Mg^+/Ca^{2+}比值将降低Na^+/K^+-ATPase的活力，引起高血钾症。因此，在利用内陆天然咸水或人工配置海水养殖虾蟹时，应注意检测水中的离子成分及比例，通过添加相应离子盐对养殖用水进行优化调节。循环水养殖系统长期运转、蒸发及生态系统自身的不完善均会造成水中离子的欠缺或比例失衡，这一问题应该引起注意。

（3）光照。

光照是影响水产动物生长、发育、繁殖、栖息等生理活动的重要环境因子之一。大多数虾蟹类在幼体阶段具有趋光性，而到了成体阶段则昼伏夜出，躲避强光。浅海的虾蟹类白天时通常隐匿在礁石缝隙或洞穴中，或潜伏在珊瑚、海藻丛中，到傍晚或夜间才出来活动。日本囊对虾在日落后大多都从底质中出来活动觅食，日出后则潜入底质中，具有明显的日周期性。研究表明，采用夜间用白光照射、白天遮挡光线的方法不会对短沟对虾昼伏夜出的习性产生明显影响。桃红对虾经连续3个昼夜的光照，仍可保持昼伏夜出的日周期习性，但在连续黑暗条件下则看不出活动的日周期性。海洋中

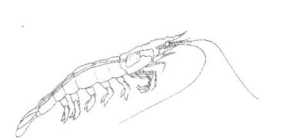

的一些虾类，如磷虾类、糠虾类等都有昼夜垂直移动的习性，常随光线的强弱而上下移动，一般对强光呈负反应，对弱光呈正反应，所以常在光线微弱或黑暗时群集于表层，光线增强时又下降到底层，特别在深水中，其升降的幅度常达几百米。如有一种樱虾，白天时集中在600~800m的深度，而夜晚则上升到200m以上的水层活动。它们的集群会影响到其他一些虾蟹类、鱼类、头足类等游泳生物的分布。渔业生产者利用虾蟹的趋光特性，晚上时用灯光进行诱捕。

（4）底质。

虾蟹类栖息的底质包括岩礁（珊瑚礁）、泥沙、海草（藻）等类型，但即使是面对同类型底质它们也会表现出选择性。底质的性质包括颗粒分布与大小、pH、有机物含量、氧化还原电位以及底质的生物群落组成等。底质的粒度会影响虾蟹类的栖居（潜底与掘穴）和摄食（饵料的种类和数量）。绝大多数的对虾偏好颗粒大小为62~1000μm的底质。潜沙的深度与种类、个体大小、底质特性以及环境因素有关。蟹类喜穴居或潜入遮蔽物之下。对于严重污染的底质，虾蟹类则会避而远之。水中溶解氧含量接近窒息点时，虾类则不潜底，而浮于水面。与底质相关的海草、海藻及其他底栖生物群落也影响虾蟹类的栖息与生存，尤其对于一些有共栖或寄生习性的种类，它们对栖息环境的选择更为专一。虾蟹类潜底行为同样受光线、温度、水流、潮汐等环境条件的影响，这里就不一一详述。

（5）水深、潮汐。

水深影响虾蟹类的分布，不同种类、大小的虾蟹类通常选择不同水深的栖息地。幼体多生活在较浅的水域，成体倾向于向深水中移居。动物在开拓新的领地时，往往要面对与原栖息地不同的视觉环境，要想成功地扩展生存空间，视觉的适应性是首要条件。虾蟹类在长期的进化过程中也形成了对栖息地光照环境的适应性。研究发现，分布于不同水深的三棘钉虾蛄，其光感受器的光谱敏感性存在差异，栖息于浅水区的个体对波长大于600nm的光较敏感；而长波光易被海水吸收，栖息深度大于10m的个体则对波长小于550nm

的光更敏感。潮汐也影响虾蟹类的行为，许多种类会随着潮汐进行有节律的迁徙、摄食等活动。

五、蜕皮与生长

1. 蜕皮

蜕皮对于甲壳动物的生长发育意义重大，能够影响其形态、生理和行为，同时也是导致畸形、死亡、被捕食的重要原因。虾蟹类一生要进行多次蜕皮，次数因种类而异。甲壳较厚的虾蟹类如龙虾、螯虾，其幼体一般每年蜕皮8~12次，成体一年内只蜕皮1次或2次，大部分时间处于蜕皮间期；而甲壳较薄的对虾一生蜕皮50次左右，每隔几天或几周就蜕皮1次，如中国对虾从无节幼体到仔虾需蜕皮12次，仔虾到幼虾需蜕皮14~22次，从幼虾到成虾大约还要蜕皮18次。一些寄生种类及蜘蛛蟹总科的种类只在幼体阶段蜕皮，成熟后不再蜕皮，通常一生只蜕皮一次，它们蜕皮活动的停止与蜕皮相关腺体的退化有关。大部分虾蟹类不仅在幼体阶段蜕皮，成熟后仍然继续蜕皮。它们一般又分两种情况，一种是一生中蜕皮次数恒定，个体相差不大；另一种是蜕皮次数无限，直至生命结束，因此其种群中个体大小常相差悬殊，有的出现巨型个体，如海螯虾科、龙虾科的一些种类。

狭义的蜕皮仅指虾蟹类从旧壳中脱出的短暂过程，广义的蜕皮过程则是一个连续的变化过程，贯穿虾蟹类的整个生命周期。其个体发育必须通过蜕皮，经过几个幼体期，才能成为成体，如对虾要经过无节幼体、溞状幼体、糠虾、仔虾期，最终长成成熟个体。同期幼体通常又分为几个时期，需要蜕皮而递进度过，如对虾的无节幼体一般有6期，溞状幼体为3期，糠虾为3期。幼体时期每蜕皮一次，就增加一龄。由卵中孵出而未蜕皮的幼体称为第一龄（期）幼体，而后再蜕皮一次，称为第二龄幼体，依次类推。两次蜕皮之间的时期，称为龄期。蜕皮前后幼体内部器官的变化不大，但外部形态变化明显。

虾蟹类的甲壳由位于其下的膜层上皮细胞分泌而来，由三层结构组成。最外层为薄的上表皮层，然后为钙化程度高且较厚的外表皮，最内层为厚的内表皮。甲壳及膜层在蜕皮过程中变化复杂，依其结构、形态学变化，结合动物的行为可将蜕皮过程分为5期（图1-17）。

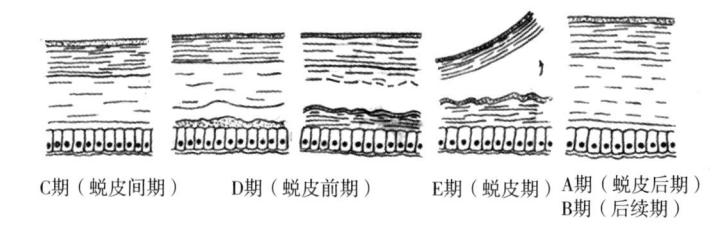

C期（蜕皮间期）　D期（蜕皮前期）　E期（蜕皮期）　A期（蜕皮后期）
　　　　　　　　　　　　　　　　　　　　　　　　　　B期（后续期）

图1-17　虾蟹类蜕皮过程中甲壳与膜层的变化

A期（蜕皮后期）：此期的虾蟹类动物刚自旧壳中蜕出，新壳柔软有弹性，仅上表皮、外表皮存在，开始分泌内表皮，上皮细胞缩小，动物大量吸水使新壳充分伸展至最大尺度。短时间内动物不能支持身体，活力弱，不摄食。

B期（后续期）：表皮钙化开始，新壳逐渐硬化，可支持身体，体长不再增加；内表皮继续分泌，上皮细胞开始静息。动物开始排出体内的水分，开始摄食。

C期（蜕皮间期）：表皮继续钙化，内表皮分泌完成，新壳形成，上皮细胞静息；动物大量摄食，物质积累，体内水分含量逐渐恢复正常，完成组织生长，并为下次蜕皮进行物质准备。

D期（蜕皮前期）：此期为蜕皮做形态上、生理上的准备，变化最大，可分为5个亚期。

D1期：膜层与表皮层分离，上皮细胞开始增大。

D2期：膜层上皮细胞增生，出现贮藏细胞。

D3期：旧壳的内表皮开始被吸收，血钙水平上升，新表皮开始分泌（外表皮），动物此时摄食减少。

D4期：新表皮继续分泌，旧壳吸收完成，新表皮与旧壳分离明显，摄食停止。

D5期：新外表皮分泌完成，动物开始吸水，准备蜕皮。

E期（蜕皮期）：动物大量吸水，旧壳破裂，动物弹动身体自旧壳中蜕出，蜕皮期一般较短，为数秒或数分钟。

蜕皮需要消耗大量的能量。旧壳的吸收及身体吸水使血淋巴液的成分发生剧烈变化，新皮合成、表皮矿化及蛋白质沉淀需要动用大量物质积累，在蜕皮、组织生长、减少水分含量以及在蜕皮过程中各相关内分泌器官的活动，使动物体内生理过程呈现周期性变化。蜕皮期摄食停止，新皮合成及维持代谢则通过动用贮存物质及旧壳的再吸收完成。消化腺和膜层是主要的物质贮藏场所，消化腺中贮存有大量脂类物质，膜层在蜕皮之前出现贮藏细胞，旧壳在蜕皮之前则被大量吸收。研究者认为，对虾头胸部和腹部内表皮约有75%的钙在蜕皮中被吸收。钙是蜕皮过程中重要的元素，表皮硬化需要大量的钙，通常可由旧壳再吸收获得，但大部分要从水中补充。海洋虾蟹类可通过鳃吸收海水中的钙质。某些种类具有胃石，蜕皮时旧壳蜕去，胃石在胃中溶解，其钙质由血淋巴液输送，参与新壳的硬化。胃石仅能提供新壳硬化所需的少部分钙质，大部分仍需从水中吸收。

虾类的蜕皮过程分为两个生理阶段，一是停止活动，侧卧水底，大量吸水；二是头胸甲和腹部的第一节甲壳的背面关节膜出现裂口并至一定程度，柔软的虾体经过几次突发性的连续跳动而脱离旧壳，但这一过程通常较短暂，不易被察觉。蟹类蜕壳需要借助遮蔽物或附着物，以螯足锚定身体，然后逐渐将身体由头胸甲和腹部裂隙处蜕出。虾蟹类的蜕皮多发生在夜间，不仅是将外部甲壳蜕下，食道、后肠、鳃、胃、触角以及刚毛等组织结构也均随着蜕皮而更新。刚蜕壳的蟹的胸甲与腹甲结合处尚未硬化，由此处可以清楚地看见内部器官。蜕皮期间新的甲壳在旧壳下呈皱褶状，蜕壳后而充分伸展、形态变化。

虾蟹类的蜕皮可分为幼体阶段的变态蜕皮、成体的生长蜕皮和生殖蜕皮以及病理性蜕皮。幼体蜕皮不仅伴随着生长，还会出现形态上的变化，称变态蜕皮；虾蟹类正常生长期间，蜕皮时已无形态上的变化，其蜕皮伴随着体长和体质量的增加，称生长蜕皮；某些种类在交尾季节时，性腺成熟的雄性会与蜕皮后新壳尚未硬化的雌性进行交尾，雌性交尾后直到产卵不再蜕皮，称生殖蜕皮；虾蟹类有时会受长期营养不良或水环境恶化等因素影响发生异常蜕皮，其中多数不能完成蜕皮过程而死亡。有时虽有存活下来的个体，但体长不增加或出现体长缩短现象，称病理蜕皮。蜕皮除与生长、变态有关外，还可蜕掉甲壳上的附着物和寄生虫，可使残肢再生，因此蜕皮对于虾蟹的生存有着重要意义。

虾蟹类蜕皮过程受激素调控。Y-器官合成分泌的20-羟蜕皮激素被认为是主要的活性蜕皮激素，其合成、分泌受X-器官—窦腺复合体产生的蜕皮抑制激素的调控。在蜕皮间期后期，蜕皮抑制激素分泌减少导致Y-器官蜕皮激素释放，在蜕皮前期中达到高峰，在蜕皮之前下降。大多数情况下，切除眼柄可以缩短虾蟹类的蜕皮间期。

蜕皮也受水温、盐度、光照等环境因素的影响。在适宜范围内，较高温度下代谢加快，蜕皮周期缩短。中国对虾溞状幼体在23℃时需5~6天变态为糠虾幼体，在26℃下仅需3~4天。盐度对蜕皮的影响在正常范围内没有显著作用，但盐度突变有时会造成虾蟹类的应激反应，引起非正常蜕皮。养殖的中国对虾在盐度近40‰时，蜕皮间期明显延长。光照及光周期对蜕皮也有影响，滑背新对虾的蜕皮受持续光照或持续黑暗的抑制。中国对虾产卵后在黑暗条件下和正常光照条件下的蜕皮率分别是60%和18.8%。

2. 生长

虾蟹类的生长要通过蜕皮来完成，旧的甲壳未蜕去之前，它们的个体大小几乎不变。一般认为虾蟹类的生长随蜕皮的发生呈阶梯式增长，其生长模式可简述如下：在两次蜕皮之间，动物基本维持体长不变，在线性尺度上基本没有增加，在体重上随物质积累而略

有增长。蜕皮后，动物的新甲壳柔软而有韧性，此时动物通过大量吸水使甲壳扩展至最大尺度，随后矿物质及蛋白质沉淀使甲壳硬化，完成身体的线性增长，然后以物质积累和组织生长替换出体内的水分，完成真正的生长（图1-18）。虾蟹类的生长不连续，生长的速度取决于蜕皮次数和蜕皮时体长与体质量的增加程度，每次蜕皮的生长量与动物种类、个体大小，以及营养积累等生理状态有关。

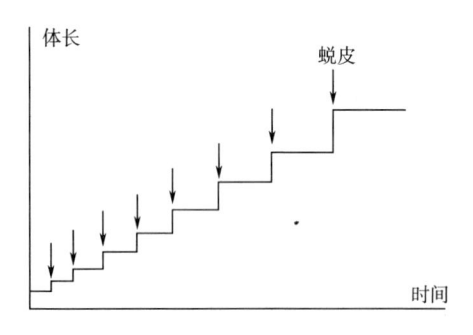

图1-18　虾蟹类的阶梯式生长模式

虾类的线性测量指标如图1-19所示。
全长：额角前端至尾节末端的直线距离。
体长：眼窝后缘至尾节末端的直线距离。
头胸甲长：眼窝后缘至头胸甲后缘中央的距离。

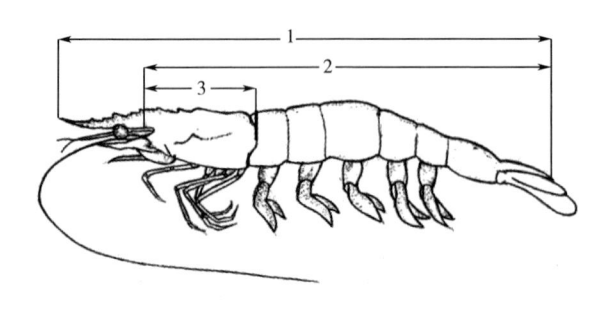

图1-19　虾类体长的测量
1—全长　2—体长　3—头胸甲长

蟹类的线性测量指标如图1-20所示。

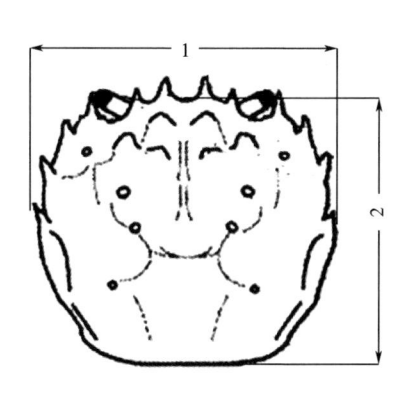

图1-20 蟹类头胸甲的测量
1—头胸甲宽 2—头胸甲长

头胸甲长：头胸甲前缘中缺刻至头胸甲后缘中央的距离。
头胸甲宽：头胸甲左右最宽处的距离。
虾蟹类的质量测量指标有湿重和干重。
湿重：动物的鲜活状态时的总质量。
干重：将动物置于60~100℃烘箱中，烘干至恒重，称其质量。
虾蟹类的生长可用体长或体质量对时间的增长来描述，寿命较短的多用月龄，寿命较长的种类则多用年龄。对虾类个体多用月龄来描述。一般采用Von Bertarlanffy生长模型：

$$L_t = L_\infty [1 - e^{-k}(t - t_0)]$$

式中：L_t为时间t时的长度；L_∞为渐近长度；k为生长系数；t_0为生长开始时的假设年（月）龄。

人工养殖条件下，体长与体质量的关系多受养殖环境和饲养条件的影响，可用以下关系式衡量虾类的肥满度。

肥满度=体质量（g）/体长（cm）^{3}×100

如中国对虾在仔虾期的正常肥满度为1；体长5~10cm为1.1；体长10cm以上可达1.2~1.3。若肥满度小于正常值，则表示饲养效

果不佳，对虾生长不良。

虾蟹类的生长与性别有关，对虾类在生长前期的生长速度是雄性快于雌性，之后雄性先于雌性成熟，个体生长速度也随之减慢，最终造成雌性大于雄性。同龄的蟹类通常是雄性大于雌性，而且雌蟹进行生殖蜕皮后往往停止生长，待幼体孵化后也就很快死亡，雄蟹在条件合适时可继续生长、繁殖，因此，很多超大的蟹类多为雄性个体。另外，环境因素如温度、盐度、光照、水质和非环境因素如遗传性质、内分泌等均能影响虾蟹类的生长。在养殖生产中，营养水平和群体密度也是影响生长的主要因素。

动物由于饥饿或早期营养不良而导致的生长抑制，在后期投喂或补偿营养后恢复正常生长的现象，称为补偿生长效应，虾蟹类具有补偿生长的现象。由于动物种类及限食程度的不同，补偿生长量也有差异，据此常将补偿生长分为超补偿、完全补偿、部分补偿、不能补偿等类型。超补偿是指经过一段时间限食后，再恢复正常投喂一段时间或经过几个这样的周期，动物体质量超过了同一时间内（限食时间+恢复投喂时间）持续投喂的个体；完全补偿是指恢复投喂后，动物体质量接近或等于同一时间内持续投喂的个体；部分补偿则是指恢复投喂后，限食动物体质量小于持续投喂的个体。克氏原螯虾幼体分别饥饿15天和30天后，再恢复投喂，开始生长后的一段时间内，其生长率明显高于正常投喂个体，且补偿生长强度也随饥饿时间的延长而增加。目前，尚不十分清楚有关补偿生长效应的作用机制。有研究者认为，限食使动物代谢水平降低，而这一下调效应会在恢复投喂后持续一段时间，因此恢复投喂用于生长的能量要多于先前，进而提高了食物转化效率。也有学者认为，限食结束后，动物会提高代谢水平，增加摄食，随之出现补偿生长效应。但也不排除是两种途径共同作用的结果。

六、自切与再生

虾蟹类动物在遭遇天敌或相互争斗或受困时，常会自行使被困

的附肢脱落，以使个体摆脱天敌，迅速逃逸。附肢有机械损伤时，虾蟹类也会自行钳去残肢或使其脱落，这种现象称为自切。自切是虾蟹类动物的防御手段，是一种保护性适应。自切时动物的步足由于肌肉的收缩而弯曲，自其底节与座节之间的关节处从腹面向背面裂开、断落。断落处由于甲壳素薄膜的封闭作用及血淋巴液的凝集作用而使创面自行封闭，因而几乎没有血淋巴液的流失。

自切是一种反射作用，人工刺激虾蟹类的脑神经节可引起相关步足的自切。在水质环境污染或突然受到强烈刺激时也可观察到自切现象的发生，有时自切程度相当严重。自切的附肢经过一段时间后大多可以重新生出，这种现象称为再生。自切残端处新生的附肢由上皮形成，初时为细管状突起，逐渐长大，形成新的附肢。新生的附肢弯曲折叠在甲壳素表皮之下，当动物再次蜕皮时新生附肢就伸展开来，形成再生的小附肢，一般要经过2~3次蜕皮，再生的附肢才能恢复到原来的大小。再生的速度与程度与个体及环境有关，未成熟的个体再生较快，成熟的个体不再蜕皮，也就不再具有再生能力了。

七、繁殖

1. **性征与繁殖方式**

虾蟹类生殖器官的形态、结构、位置等性征多为雌雄异型，是判断性别的主要依据。除此之外，雌雄个体一般从外观上也易于辨别。雌、雄个体通常不等大，对虾类雌体多大于雄体，蟹类、沼虾类则多是雄性大于雌性，而且雄性的螯肢通常要强壮于雌性。如中华绒螯蟹的雄性个体不仅螯肢明显强大，其上的绒毛也较雌蟹浓密。雌、雄个体的体色也多有差别，成熟的中国对虾的雌虾体色呈青绿色，俗称青虾，雄虾则呈黄褐色，俗称黄虾。

虾类繁殖为体外受精、体外发育。具纳精囊的种类交配后将精荚存贮于纳精囊中，产卵时排出精子，在水中受精。具封闭式纳精囊的种类，如中国对虾、三疣梭子蟹等，一般交配时间延续较长，有的在头一年秋季成熟后即完成交配，直至第二年春季才产卵、受精；具开放式纳精囊的种类，如南美白对虾，或不具有纳精囊的真虾类，通常是在产卵前几个小时至几天交配。

对虾类的受精卵在水中发育、孵化，真虾类和蟹类则是将卵团黏附于腹肢上，抱卵直至幼体孵化，而口足目虾蛄类的卵团并不黏附于身体，而是被抱持于胸足之间，不断转动。有人认为蟹类繁殖为体内受精、体外发育，交配后精荚贮于雌蟹的受精囊中，产出的卵与纳精囊释放的精子相遇受精，再产出体外，抱持于雌蟹腹肢上发育、孵化。但也有研究者持不同的观点，认为蟹类是体外受精。他们发现，中华绒螯蟹的卵由卵巢中排出经输卵管，在通过纳精囊时与精子相遇，再排出体外。精卵在体外经过较长的时间才能完成受精，此过程可视为体外受精。虾蟹类多具有多次交配、多次产卵的繁殖特性，通过人工调控环境条件和内分泌器官作用，可以实现全年繁殖。

2. 配子与性腺发育

（1）雄性。

虾蟹类的精子无鞭毛，不能活动，直径多在 $2\sim8\mu m$，表面多有原生质突起，其数目和形态因种类而有差异。对虾、真虾及猬虾等游泳虾类的精子多为单棘型，如对虾类的精子仅一个突起，显微镜下观察呈鸭梨状，近于球形的细胞核外被一薄层细胞质。蟹类、寄居蟹、螯虾等爬行类的精子具有多个棘突。虾蟹精子前部顶端通常为锥形的顶体，棘突位于顶体的最前端。受精时精子通过棘突与卵子结合，并伴有复杂的顶体反应，将顶体中的酶释放出来，溶解卵的放射冠和透明带，进而完成精子与卵子的融合。

虾蟹类的精子由精巢内精原细胞发育形成，其过程通常分为精原细胞分裂形成初级精母细胞；初级精母细胞经第 1 次成熟分裂形成次级精母细胞；次级精母细胞经第 2 次成熟分裂形成精细胞；精细胞经历一个复杂的变态过程形成精子。精子成熟后，通过输精管下行至贮精囊，在输精管中相互聚集，外被薄膜形成簇状、团块状

的精荚，交配之前被存于贮精囊中。寄居蟹输精管末端没有明显膨大的贮精囊，但其精荚结构特殊，由1个或2~3个内含精子的椭球或梭状精囊、精囊的柄部及1个底座3部分构成，不同种类的精荚的形状各异。繁殖时期，成形的精荚充满了输精管中后段，而前段精子呈松散状，表明输精管中后段具有特殊的精荚包装机制。

成熟精巢中同一个生精小管不同分段处及各个生精小管中的生殖细胞发育不同步，通常生殖细胞由精巢前端顶部的生精小管开始成熟，沿精巢外侧向后端输精小管方向延续，成熟的精子汇入输精管。因此，成熟后的雄性精巢内存在不同发育阶段的生殖细胞，精子的形成是连续的，可持续地产生精子，具有多次交配的能力。依据精巢形态、组织结构及生精小管内占优势的雄性生殖细胞种类和数量，可以对精巢进行分期，但不同种类、不同研究者对分期的界定有所不同。如锯缘青蟹、中华绒螯蟹的精巢发育分为5个时期，即精原细胞期、精母细胞期、精子细胞期、精子期和休止期。而红螯螯虾的精巢发育分为未发育期、发育期、成熟期和休止期4个时期。描述精巢发育的指标通常为精巢质量和精巢指数（精巢质量/体质量）。

（2）雌性。

虾蟹类的卵多呈圆形或椭球形，卵黄丰富，外被卵膜。对虾类的卵比重略大于水，产在水中，多沉于水底。其他种类的卵则由黏液缠裹，形成卵团，附着于母体腹部。卵子产生过程中最显著的特点是卵黄的形成，根据卵细胞的形态、内部结构特征及卵母细胞与滤泡细胞之间的关系，卵子产生过程通常被分为卵原细胞期、卵黄发生前的卵母细胞、卵黄形成期卵母细胞和成熟期卵母细胞4个时期。

卵子由卵巢中的卵母细胞发育而来，与高等脊椎动物相同，十足目动物的卵子的产生要经历一次正常的减数分裂，染色体变为体细胞的一半。产卵前的成熟卵子通常发育到初级卵母细胞阶段，但也因种类不同而处于不同的发育时期，如中华绒螯蟹的成熟卵子处

于初级卵母细胞第一次成熟分裂的中期。成熟卵子真正完成减数分裂，排出两个极体，要待受精后才能完成。

随着卵子的产生、发育、成熟，卵巢的体积、颜色有明显的变化。初期的卵巢，其体积纤细，无色透明，从外观上难以辨认。随着卵巢的发育、卵子中卵黄等物质的积累，其颜色也发生明显的变化。中国对虾卵巢的颜色通常由无色透明变为紫色，而后变为土黄色、淡绿色，随着卵巢进一步发育成熟，颜色逐渐变为绿色、灰绿色、墨绿色，完全成熟的卵巢为褐绿色。南美白对虾的卵巢在发育后期时略显粉红色。此时期，多数蟹类卵巢为橙黄色或黄褐色，而中华绒螯蟹、寄居蟹等为酱紫色。卵巢质量、卵巢指数（卵巢质量/体质量）和卵母细胞直径在卵巢发育过程中变化明显，均可用于描述卵巢发育的状况。

关于虾蟹类卵巢发育的分期，学术界标准不一。但多数学者认为，卵巢发育分期应基于细胞学和发育学理论，并结合卵巢的形态为标准，尽量反映出卵子和卵巢发育的本质，便于在实践中应用。综合文献资料，卵巢发育分为以下6期。

形成期：卵巢的形成阶段。中国对虾在体长15mm的仔虾阶段时，从组织切片中可见背大动脉两侧各有一团直径小于10μm的细胞群，由此细胞群逐渐发育为卵巢。

增殖期：卵原细胞经过多次的分裂，进行数量的增殖，分裂一定次数后，发育为卵母细胞。由于卵原细胞的不断增加，卵巢缓慢增大，解剖时可见透明的卵巢。

小生长期：此期是卵母细胞发育期。细胞暂不分裂，细胞核不断增大，细胞质增多，卵细胞缓慢增大，卵巢体积也逐渐增大。

大生长期：卵母细胞积累卵黄的时期。由于卵黄的不断积累，卵径不断增大，卵巢体积迅速增加，颜色不断加深，对虾类的卵黄为绿色，蟹类的则为红黄色。卵巢体积迅速增加，颜色逐渐加深。中国对虾此期的卵径由75μm增至240μm，卵巢指数由1%增至15%左右。此期是亲体促熟培育的关键时期，又被人为地分为大生长初

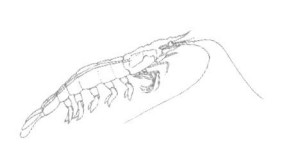

期、大生长中期和大生长末期（近成熟期）。

成熟期：卵黄积累终止，卵子进入成熟分裂，卵核消失，虾类的卵内形成放射冠（皮质棒）。一旦外界环境适宜，它们即开始产卵。

恢复期：虾、蟹通常有多次产卵的特点，卵巢发育不同于昆虫等其他节肢动物，其中不同部位的生殖细胞发育基本同步。通常是一批卵成熟排出后，后一批卵细胞立即进入生长期，并迅速完成卵黄的积累，再次同步发育成熟，如此利于其在短时间内分批大量产卵。

虾蟹类的性腺发育具有季节周期，雌性与雄性性腺成熟速度因种类而异。有些种类同步成熟，交配后很快产卵；有些种类则具有两性成熟不同步的特点。具有封闭式纳精囊的种类的雌性虾类，以及某些蟹类在交配时雄性发育成熟，而雌性性腺未成熟甚至尚未开始发育。如中国对虾在秋季交配时，雌虾卵巢尚未发育，而要待来年2~3月才开始迅速发育，于4~5月成熟产卵。

影响性腺发育的因素有温度、光照、饵料、内分泌激素等。温度越高，性腺发育所需有效积温积累越快，发育也越快。如在人工条件下提高培育温度，养殖的中国对虾可比自然海区提前40~60天产卵。春季日照逐渐增长，通过神经调节促进性腺的发育。营养条件是虾蟹类性腺发育的物质保证。在人工培育条件下，水质优良，饵料充足，对虾日摄食率可达12%~15%，性腺发育较快；否则发育较慢，甚至发育不良。饵料的种类也很重要，投喂富含脂类营养物的沙蚕，性腺发育明显加快。另外，具有降河繁殖习性的种类，如一些长臂虾类、沼虾类，以及常见的中华绒螯蟹，其性腺发育与盐度紧密相关。控制性腺发育的内部机制主要为内分泌腺的作用，X-器官分泌性腺抑制激素，抑制性腺发育，Y-器官、大颚器官分别分泌激素促进性腺发育及卵黄合成。切除眼柄可有效地去除X-器官对性腺发育的抑制作用，促进性腺发育。

3. 交配

虾蟹类的交配多在夜间进行，但在人工养殖条件下，也能见到

白天交配的情况。具有开放式纳精囊的种类在性腺成熟后交配；而具有封闭式纳精囊的种类的交配时间往往持续较长，有的种类在雌性尚未成熟前已有交配行为。一些蟹类在交配前雄性还有"守护"行为，直至雌蟹生殖蜕皮，在新甲壳完全硬化之前交配，以利于精荚的植入。真虾类如米虾属、新米虾属种类，其交配通常在雌性个体蜕皮后，此时可以见到很多雄虾"狂游"，表现异常兴奋。交配行为在很短的时间内完成，精荚传输至雌体后，雌、雄个体随即分开，仅有短短几秒。

研究表明，雌性个体多是依靠释放体外信息素来吸引雄性个体。雄性个体间通常有一定程度的竞争行为，如雄性对虾要跟随雌虾快速游动，通常几尾雄虾中游泳较快的个体可获得交配机会。雄蟹常具有一对强壮的大螯肢，有时仅是以展示螯肢大小的方式就能吓退较小的个体，获得与雌性配偶交配的机会。但如遇实力相当的竞争者时，一场激战也在所难免。对于某些种类，如三疣梭子蟹、日本蟳、日本沼虾等，其雄性的螯肢十分巨大，甚至会影响到正常的活动，而这也正展示了它们优良的身体状态和遗传种质。雌蟹往往也要用"武力"的方式考验雄蟹的强壮程度，但无论如何，强壮个体均获得较高的交配机会。通过竞争，优良个体的种质得以传递，保证了种群的延续。

多数虾蟹类交配前要进行生殖蜕皮，只有一些方蟹科的种类，如中华绒螯蟹，可以硬壳交配，其在交配之前雄性追随雌性，并有"守护"行为，雄蟹用螯夹住雌蟹的步足，有时此种行动会持续数天。交配时多腹面相对，雄性个体以前两对腹肢形成的交接器将精荚输送给雌体，精荚直接贮存于纳精囊中。蟹类大多一次交配后，可多次产卵受精。虾类的交配行为大致相同，雄性个体尾随雌性个体，游到雌虾之下，翻转身体与雌虾相抱，然后雄虾横转90°与雌虾呈十字形相抱，头尾相扣，同时依靠交接器将精荚输送给雌虾；有些种类则转动180°与雌虾头尾相抱，进行交配。具有开放式交接器的种类的精荚被黏附于第四、第五对步足之间的区域。具有封闭式

纳精囊的种类交配时，精荚通过纳精囊中央的纵缝被植入其中。精荚的瓣状体留在体外，形成交尾的标志，2~3天后脱落。有些种类如日本囊对虾，精荚的瓣状体则在纳精囊口处形成硬质的交配栓。交尾过的雌虾不再蜕皮，直至卵巢成熟、产卵。如遇意外蜕皮导致精荚丢失，雌虾则可与雄虾再次交配，获得精荚。

4. 产卵

虾蟹类交配后，有些会立即产卵，有些则需较长间隔。具有开放式纳精囊的种类大多在交配后数小时至数天内产卵；具有封闭式纳精囊的种类则间隔时间较长，有的甚至要5~6个月才产卵。自然情况下，虾蟹产卵多在夜间，但饲养于水族箱中的种类，有时也在白天产卵。对虾类在产卵前多静伏于水底，临近产卵时游向水体表层，在水中缓慢游行，有时有躬身屈背的动作。卵子在游动中产出，呈雾状由生殖孔喷出，在腹肢的急速运动下分散于水中。抱卵的种类在产卵前往往先行清理腹部，梳理腹肢上的刚毛。卵自生殖孔产出，在附肢及刚毛的作用下移向腹部，经过纳精囊时与精子相遇受精，然后被黏附于腹肢刚毛上。有些爬行虾类在产卵时仰卧水中，腹部前屈，由黏液在腹部两侧形成薄膜，卵产出后在薄膜与腹部形成的腔体中受精。多数真虾类即使没有交配，也能产出卵，这些没有受精的卵通常只能黏附24~48h。产卵活动持续的时间因种类而异。中国对虾的产卵活动一般为2~5min，有时可持续15~20min。其他虾蟹类产卵时间稍长，通常为数十分钟至数小时，有些种类则需数天。

虾蟹类的产卵量与动物大小、产卵次数、胚胎发育方式等有关。对虾类的产卵量多在10万至100万粒，大型种类的产卵量较高，如中国对虾、斑节对虾的产卵量可超过100万粒。抱卵的虾蟹类的产卵量因种类而异。龙虾类抱卵量可达10万粒，海螯虾为5万~9万粒；淡水种类一般抱卵较少，日本沼虾的抱卵量为600~5000粒，螯虾属的种类仅为数百粒，而水晶虾的抱卵量只有30~40粒。多刺猬虾通常在体长3cm左右时达到性成熟，体长4.5cm的雌虾一次产卵

2500粒左右。一般情况下，抱卵量和卵的大小呈负相关关系。许多虾蟹类在繁殖季节可多次产卵。多数对虾类产卵后卵巢可再次发育成熟，不经蜕皮和交配而再次产卵。抱卵的种类多数为每年抱卵1次，有些种类每年交配1次，多次产卵，有些种类则可多次交配，多次产卵。罗氏沼虾在1年内可多次产卵，产卵后雌体的卵巢会在30~40天内再次成熟，经交配后再次产卵，一般一年可产卵3~4次。

　　蟹类、真虾、龙虾、螯虾等十足目腹胚亚目中的种类排卵后附着于原肢底节和内肢刚毛上，这对卵的保护、孵化和幼体散布等具有重要的生物学意义。关于蟹类卵的附着机制主要有两种观点：一种认为蟹类抱卵腹肢上具有黏液腺，其分泌物形成外层卵膜和卵柄而附着到刚毛上；另一种认为外层卵膜和卵柄源于卵本身，卵由携卵刚毛周围的外层卵膜融合而附着到刚毛上。有学者研究了中华绒螯蟹卵的附着机制，发现排出的卵并不附着于靠近生殖孔附近的腹肢原肢底节和内肢刚毛上，而是被转运到远离生殖孔的刚毛上，之后随着卵的逐渐排出，卵的附着才由远端向生殖孔附近推进。雌蟹腹肢上分布大量黏液腺和分泌管开孔。研究者推测，卵排出后向刚毛移动的过程中，与腹肢表面和刚毛上的黏液接触后，卵的表面逐渐被黏液包被。随着卵的移动，黏液产生卵柄结构。上述研究结果在日本蟳产卵过程中也得到证实，其刚排出体外的卵的外部黏有一层果冻状胶质，此时腹部附肢上黏附的卵尚没有形成卵柄结构，但可以看出，胶体物质正在拉伸形成卵柄的中间过程。而卵柄形成后其外观有明显褶皱，类似胶质物的凝固状态。

　　5. 受精与胚胎发育

　　卵子产出后与纳精囊释放出的精子相遇、受精。非抱卵种类的受精卵在水中发育，抱卵种类的受精卵附着于腹肢上发育。受精过程为卵子产出时处于第一次成熟分裂中期，入水后由不规则近圆多边形逐渐变为圆形；精子到达卵子表面后，以棘突附于卵表面；精子出现顶体反应并与卵子表面结合；卵内棒状周边体向外排出，在卵周围形成胶质膜层；随后精子完成顶体反应，进入卵内，之后形

成精原核。精子进入卵后，卵子继续完成第一次成熟分裂，放出第一极体，然后开始形成并举起受精膜，在卵与受精膜之间出现明显的围卵腔；受精膜举起之后，紧接着进行第二次成熟分裂，放出第二极体。第二极体向受精膜方向升起，最终抵达受精膜，与第一极体相对排列于卵膜内外；随后受精结束，开始卵裂；未受精的卵子在水中也可举起卵膜，只是不会进行卵裂发育。

虾蟹类的卵富含卵黄，受精后的卵裂方式有表面卵裂和完全卵裂。真虾类多为表面卵裂类型，卵裂后在胚胎的表面形成一层细胞，中央的卵黄并不分裂，每个囊胚细胞下形成放射状排列的卵黄锥。原肠期后胚胎依次出现第二触角原基、大颚原基及第一触角原基，此时胚胎中可见到3对原基隆起，称为肢芽期，以后肢芽分化出内外肢并端生刚毛，胚体前端腹面中出现红色眼点，胚体在卵膜内逐渐可以转动，此时期为膜内无节幼体。对虾类幼体发育至膜内无节幼体后孵化，而大部分真虾类和蟹类将继续在卵内发育至溞状幼体，或糠虾幼体，或仔虾、仔蟹后才孵化。孵化过程大多相似，幼体在膜内不断转动，以身体上着生的刺或刚毛刺破卵膜，进入水中，自由生活。此时抱卵种类的母体还会配合幼体孵出，努力摆动腹部，或在水层中竭力游动，使幼体迅速、均匀地分散在水中。胚胎发育速度随水温而异，在适温范围内，水温越高孵化期越短。温度合适时，多数淡水观赏虾类的胚胎发育时间，即抱卵时间在15~25天。

6. 生活史与幼体发育

虾蟹类动物在其生命周期内大多都要经历复杂的变态发育，在其生活史的各个阶段中都有独特的生活方式和对环境的选择和适应。虾蟹类的生活史一般包括受精卵、胚胎发育、幼体发育及成体等阶段，其幼体发育复杂多样，各种类的幼体类型和幼体期也有不同（图1-21）。淡水生的种类有些全部生活史在淡水中完成，某些种类的繁殖阶段必须到河口或浅海水域中完成。成熟的亲体在近岸水域产卵，少数种类在深海产卵。

初孵幼体往往要经过复杂的变态发育才能变成与成体相似的幼

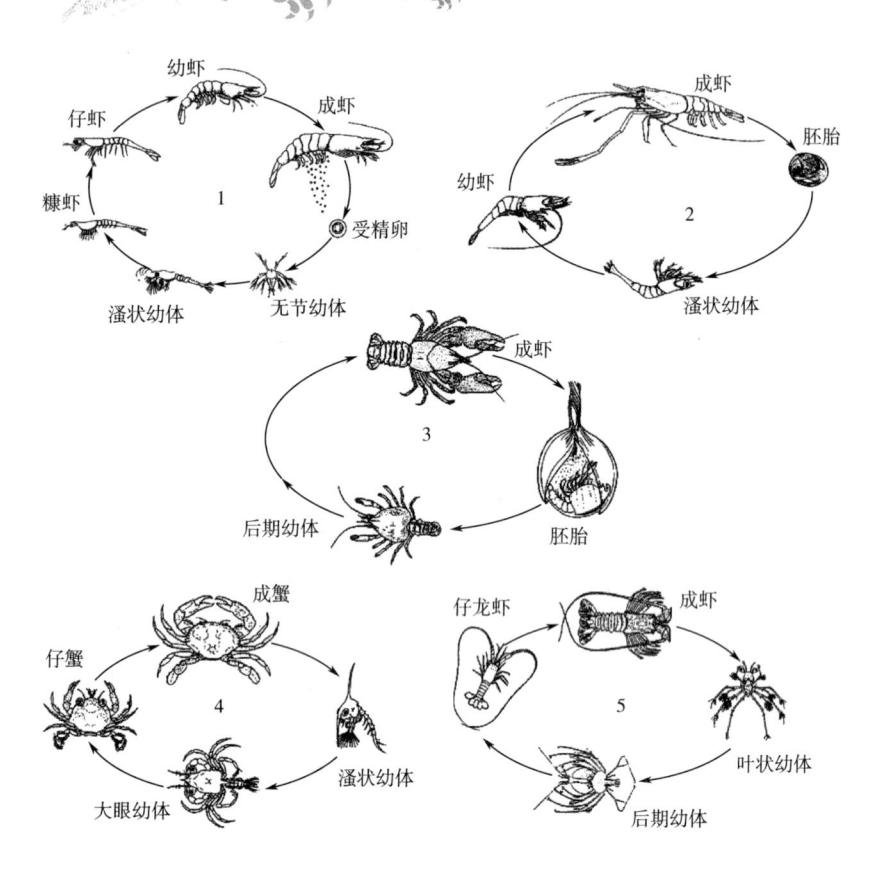

图1-21 不同虾蟹类的生活史（仿 Wickins 和 Lee，2002）

1—对虾类：卵（24 h）；无节幼体（2~3天，5~6期）；溞状幼体（3~4天，3期）；糠虾幼体（3~5天，3期）；仔虾（3~35天的培育期）；幼虾到成虾（150~300天）
2—真虾和沼虾类：卵（21~25天）；溞状幼体（20~40天，3~12期）；仔虾/幼虾到成虾（120~210天）　3—淡水螯虾：卵（7~180天）；幼虾（附着到雌体上，第2或第3次蜕皮，一般7~30天）；幼虾到成虾（90~1095天）　4—蟹类：卵（6~25天）；溞状幼体（12~24天，3~7期）；大眼幼体（5~7天，1期）；仔蟹到成蟹（120~5460天）　5—龙虾（棘龙虾）：卵（7~180天）；早期和晚期叶状幼体（65~391天，9~25期）；龙虾幼体（7~56天，1期）；幼虾到成虾（730~1460天）

虾或幼蟹，随着蜕皮变态，其形态构造越来越完善，习性也发生相应的变化。孵化后的幼体通常在水中营浮游生活，经溞状幼体、糠虾幼体发育至仔虾（蟹）后，结束浮游生活而转营底栖生活，并向河口、浅水区移动。幼虾（蟹）在近岸水域、河口地区生活，随生长而渐移向外海深水区，待成熟后又移回近岸产卵。

无节幼体：幼体呈卵圆形或倒梨形，具3对附肢，即2对触角和1对大颚，作为游泳器官。身体不分节，具尾叉。幼体不摄食，靠卵黄的营养，营浮游生活，对虾类无节幼体一般分为6期。

溞状幼体：真虾类、异尾类、短尾类等大部分十足目种类的孵化幼体为溞状幼体。幼体身体分为头胸部与腹部，胸部较短，部分分节，异尾类和短尾类头胸甲上常生有特别长的棘刺，称为头胸甲刺。有复眼，但初期时通常没有眼柄。颚足双肢型，为运动器官。腹部较长，分节明显，后期生出尾肢，形成尾扇。溞状幼体多为浮游生活，开始摄食，初期多为滤食性，后期开始具有捕食能力。对虾类的溞状幼体分为3期；罗氏沼虾为11期；蟹类的初孵幼体为溞状幼体，多为3、5、6期；口虾蛄的假溞状幼体分为11期。真虾类刚孵出的溞状幼体虽与成虾相似，但在眼柄、尾扇、游泳足的形态结构上还是有一定差异。随着每一次蜕皮，这些结构趋于完善，也可以依据各期幼体在这些结构上的差异，对真虾类溞状幼体进行分期。

糠虾幼体：腹部发达，出现腹肢，胸肢双肢型，营浮游生活，捕食能力强。龙虾类、海螯虾类的初孵幼体即糠虾幼体。龙虾类的糠虾幼体又称为叶状幼体。

后期幼体：又称十足幼体，即虾蟹类的最末一期幼体，具有全部体节与附肢，外形基本与成体相似。此时的生活习性常有改变，底栖种类在此期转入底栖生活，经一次或数次蜕皮变为幼虾或幼蟹。虾类的后期幼体称为仔虾。蟹类的后期幼体称为大眼幼体。螯虾类及某些淡水蟹类的初孵幼体与成体差异微小，基本属于全节变态。

第二章　虾蟹类繁育与养殖技术

虾蟹类养殖一直是促进农村经济发展、创造就业机会的重要渔业产业。2022年，我国虾蟹类养殖产量为685万吨左右，市场价值过万亿元，其中对虾养殖产量为200万吨左右，南美白对虾占比约90%；蟹类养殖产量超过100万吨，中华绒螯蟹（河蟹）占比接近80%。虾蟹产业已成为我国水产业不可或缺的组成部分，并在改善农（渔）民生活，增强人民体质，保障粮食安全方面均凸显出重要价值。

第一节　对虾养殖模式与技术

我国对虾养殖历史较长，20世纪50年代中期，开始进行人工养殖对虾的研究工作。1959年人工孵化对虾获得成功，20世纪70年代中期，人工孵化和养殖对虾取得突破。20世纪80年代初中国对虾工厂化大批量育苗获得成功后，斑节对虾、日本囊对虾、墨吉明对虾、刀额新对虾、南美白对虾等主要养殖品种的人工繁殖相继获得成功。之后，随着苗种规模化生产技术逐渐成熟及供不应求的市场，对虾养殖及相关产业进入了快速发展时期，养殖技术不断创新，形成了南北各具特色的对虾养殖模式。

一、养殖模式

我国主要养殖的对虾种类有南美白对虾、斑节对虾（草虾、金刚虾）、日本囊对虾（日本对虾、车虾、基围虾）、中国对虾（东方虾、中国明对虾），南北养殖模式各异。如何选择合适的模式，还要综合考虑各地不同的自然环境条件、技术水平、经济状况等因素，因地制宜地进行探索和实践，最终形成稳定而高效的生产流程与技术体系，进而降低养殖风险，确保收益稳中提升。目前对虾养殖的主要模式及发展现状介绍如下。

1. 粗养模式

这种养殖模式主要是在一些有较大养殖面积的区域采用，有些地区称其为"汪子""港圈"，如利用沿海盐场的沉淀池，或一些育苗企业的大型蓄水池。养殖过程中不清池、不除害、不施肥，除了做好防逃措施以及正常的进、排水维护性管理外，基本不采取相关的技术管理措施，是一种典型的"人放天养、广养薄收"的自然养殖模式。辽宁大连周边及丹东东港等地区的养殖者常以养殖日本囊对虾、中国对虾为主，少数也养殖南美白对虾。山东、河北等省份沿海盐场，以及辽宁营口、盘锦、锦州等离海较远、盐度稍低的区域以养殖南美白对虾为多，而纳潮方便的区域也养殖中国对虾。近年来也有养殖者引进斑节对虾进行养殖，这种虾在一些条件良好的池塘中生长迅速，4个月能长到100g左右，经济效益显著。辽宁盘锦地区多将其饲养于苇塘。粗养模式的对虾苗种放养密度通常在1000~3000尾/亩。虽然这种养殖模式的成本不高，风险相对较低，养成的商品虾规格较大，品质好。但其养殖密度低，成活率无法保证，因此养殖产量和效益均不稳定。

2. 半精养模式

半精养模式也称为半集约化，是一种介于粗养和精养之间的养殖模式，其种苗放养量、增氧机使用、饵料的投入、水质监控及管理等环节较粗养模式有所提高，但与集约化养殖还存在一定差距。目前，辽宁等北方地区采用半精养模式养殖南美白对虾者较多，尤其在营口、盘锦地区较普遍，多在低盐度或近淡水的池塘中进行养殖，养殖成功率较高。因为该模式投入产出比合适，技术相对容易掌握，在当地广受偏爱。池塘面积通常为5~10亩，配有增氧机，投喂商品配合饲料。放苗密度通常在3万~5万尾/亩，产量为1000斤/亩左右。近年来，随着北方养虾业的回暖，技术水平也在不断进步，除了继续优化淡水养虾模式外，还延伸出家鱼、河蟹—南美白对虾等混养模式。

值得注意的是，海水池塘混养模式也在不断发展与完善，大连周边的海参—对虾混养、丹东东港地区的海蜇—缢蛏—对虾混养也都逐渐由粗放养殖向半精养转变。一直以养殖刺参为主的辽宁养殖业者，早些年在海参池塘中投放日本囊对虾、斑节对虾、中国对虾等种类虾苗，对虾成活率往往较低，产量不稳定。如此一来，养殖者在进行海参与对虾的混养时，对虾自放苗后就处于可有可无的状态。大连海洋大学虾蟹增养殖创新团队于2007年开始研究适合当地气候与生产条件的刺参与对虾综合养殖技术，并取得了一些成果。初期的调查发现，导致对虾成活率低的主要原因为海参养殖池塘中的敌害生物较多，而海参养殖周期通常为2~3年，采用每年投苗、连续采捕的模式，几年内很难做到清塘处理敌害生物。混养的对虾苗种多为外购，经过长途运输后，虾苗体质变弱，对池塘水质条件一时也难以适应，投入池塘后既有很大一部分要被虾虎鱼、鲛及其他野杂鱼、虾、蟹等所捕食。团队为此进行了进一步研究，针对北方气候及生产条件，采用自主研发的苗种培育设施、池塘围网或闲置的育苗车间等多种方式，建立了高效、低成本的大规格对虾苗种培育技术体系。对虾苗种可以比通常投苗期提早近1个月购进，经过集中管理的中间培育过程，培育至2~3cm时再投入池塘。这样不仅能够提高苗种的成活率，而且延长了养殖期，在7月中下旬即可捕捞达到商品规格的虾，此时市场上的鲜活对虾少，价格高，而又可赶在病害高发期前降低养殖密度；剩余的虾养至9~10月时再捕捞，此时市场上的对虾虽然较多，但此模式的养成期较长，商品虾规格大，仍然在价格上占有优势。

参—虾混养模式利用海参"夏眠"期间池塘的空闲水体，以及池塘中自然繁殖的生物饵料，通过优化的水质与投饵技术，生态养殖对虾。商品虾养殖遵照"不求密度高，但求品质佳"的原则，提高养殖收益，降低养殖风险。因为有对虾存在，可以不用担心一些小型水生动物大量滋生，干扰海参生长，利于维持池塘生态系统的稳定，进而减少了药物的使用，为养殖生物的食品安全提供了保障。该模式不仅能增加养殖收益，同时增强了池塘生物群落的结构与层次，发挥养殖物种自身的生态功能，既有效利用了池塘水体，同时也减少了用药污染和病害传播，具有良好的生态效益。在辽宁等北方地区海水养殖业转型升级之际，改变现行养殖模式，大力推广基于生态系统、符合食品安全要求、可控性强的养殖技术，将有利于水产业走上平衡、健康、可持续发展的道路。参—虾共生与蟹稻共生有相似之处，通过产学研政等多方位的宣传、引导及技术推广，将形成具有特色的绿色养殖模式，有助于水产生态品牌的打造。

3. 精养模式

我国南方典型的精养模式较多，如两广地区和海南的"高位池模式"。顾名思义，其池塘底部要高于排水通道，中间设有排污管。池形多为正方形，四角为圆弧状，池水借助多台同向划水的水车增氧机形成旋转水流，能将池底污物集向排污管并排出。高位池面积通常在 2～10 亩，堤坝四周及池底通常铺设高强度的地膜。一般按照千瓦/亩配备增氧机，配有单独的蓄水池。此模式的投苗密度根据养殖管理水平一般在 10 万～30 万尾/亩，产量在 3000 斤/亩以上。有些地区采用水泥堤坝、池底铺塑料膜或铺沙的方式；也有完全采用水泥池的。在此模式基础上，珠三角、长三角、福建等地的养殖者又进行了改造，在养殖池上增设了塑料膜大棚，如此可以延长养殖期，每年能养 2～3 茬虾。2014 年，江苏如东小棚养虾模式诞生，受到了全国关注，其典型养殖池为 0.7 亩，搭建简易的塑料棚，强增氧，可排污，利用生物絮团进行养殖。近些年，小棚虾产量也是逐年突破，从早期均产 500 斤/棚（通常按照 0.7 亩水体计算）上升到如今的 1700 斤/棚，少数养殖者已经突破 3000 斤/棚的产量。目前，小棚养虾模式仍然在快速发展，开始经由山东、河北等地转入辽宁沿海地区。然而，随着国家对海洋近岸环境、地下水开采、违规锅炉等问题的整治，该模式需要在节能减排方面进行优化与技术创新，以符合绿色发展的要求。

4. 工厂化（设施化、棚室化）模式

随着水产相关学科的交叉发展，以及养殖工程、装备制造等领域的升级，对虾工厂化养殖模式，尤其循环水处理技术的研发与应用受到了行业的关注。工厂化养殖是利用可控的工程化手段，控制水温、光照、水流等养殖环境，为对虾创造适宜的生活条件，同时可以根据市场需要实时调整生产计划。实际生产中，通过集污、排污等设施，以及适当的循环水处理技术，可以去除水中残饵、粪便等悬浮物，降低氨氮、亚硝酸盐等有害代谢产物含量，保持优良水质条件；通过投喂优质饲料，建立精准的投喂方案，促进动物生长与增强抗病能力，提高饲料效率；通过化学、物理、生物手段，及时补充相应的有益物质，建立优良的生物群落，抑制有害生物，避免严重的病害发生；通过充气方式及充气量的可控，保证水体溶解氧充足，供应生物呼吸，改善系统水质条件。

工厂化养虾通常采用多级（3级）饲养工艺，辽宁等北方地区一般全年养殖2~3茬，进苗时间分别在1月底至3月中、7月底至8月中前后。根据生产计划，初级苗种一般是体长为0.5~0.6cm的仔虾，放苗密度在1万~3万尾/m³；二级苗种为1.0~1.5cm，放苗密度在0.3万~1万尾/m³；三级苗种为2.5~5.0cm，放苗密度在500~1000尾/m³，养殖产量一般在5~15kg/m³。工厂化养殖生产中的水质变化、饵料投喂等各方面操作相对可控，受天气条件的影响小，有利于水产食品安全管控、养殖生产高效节能以及尾水减排等措施的落实。

大连海洋大学虾蟹增养殖创新团队在前期参—虾混养技术与模式的基础上，研发了一套适合当地气候与生产条件，以棚室化循环水、尾水处理与资源化利用为特征的对虾育养技术体系，并与海参、贝类苗种培育及渔农综合种养等工艺相结合，大幅提高了水土资源利用效率，形成了室内工厂化与室外生态综合养殖相结合的特色生产模式，成果已作为辽宁省、大连市渔业主推技术进行示范与推广。

工厂化、设施化养殖的可控性与稳定性已广受认可，但其对人员、设备和技术管理水平要求高，运营成本相对较高，限制了此模式的推广。目前，应就北方当地气候与生产条件的特点，进一步创新养殖相关及节能减排技术，形成实用的生产模式。山东、河北、辽宁等北方地区工厂化对虾养殖应因地制宜，与现有生产条件相结合，如沿海地区采取与多种类综合养殖，或与鱼、贝、藻等工厂化模式结合；低盐度、盐碱地区域可与稻渔综合种养、农田高标准改造等项目结合的模式。由于北方气温偏低，相对南方地区对虾养殖生产的时间较短，生产可以打时间差，进行反季多茬养殖。但是，反季养虾应对能源成本进行充分的考虑，如能利用太阳能、地热、热电厂温排水或其他低成本热能，并结合封闭式余热回收与水处理工艺，则更具有市场竞争优势。

二、养殖技术

综上所述，我国主要养殖的对虾种类为南美白对虾，下面以普遍采用的池塘半精养模式为例，介绍其主要技术内容。

1. 厂区及池塘设施

养殖厂区一般选择在水源充足、无污染、通水、通电、交通便利且符合养殖用地规划的地方，设计有单独的进、排水路线，以及一定面积的蓄水与水处理池（图 2-1）。厂区规划应充分遵循生物安全原则，尽量做到封闭管理，并考虑轮养、混养等综合养殖模式，设计尾水处理与循环水工程。养殖池塘的面积一般为 3~5 亩，以方形或长方形为宜，深不小于 2.5m，正常情况下的水深为 1.5m 左右。池塘坝坡夯实，坡比为 1:1~1:2，对向设有进、排水管或闸门，池底向排水口一侧倾斜，能排干池水，具体设计如图 2-2 所示。池塘以沙泥底质为好，不能有发黑的淤泥，具有良好的保水性。如是使用老旧池塘，前一年收获后，必须对池塘进行清淤、消毒。在一些滩涂蟹类较多的地区，还应沿池塘堤坝用塑料布搭建起防护围隔，做法类似于稻田养蟹所用的围隔，其高度为 30cm，埋入地下 20cm，每 1.5m 左右设置一竹竿立柱，塑料布上沿握边，穿入尼龙绳，固定于立柱上。每亩养殖池塘配备 1 台功率为 750kW 或以上的增氧机，有条件还应配备微孔管底增氧系统，供电系统配备变压器、发电机。

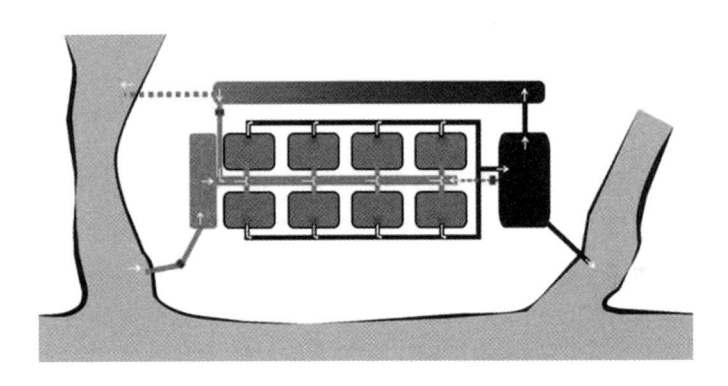

图 2-1 对虾养殖厂区的平面规划

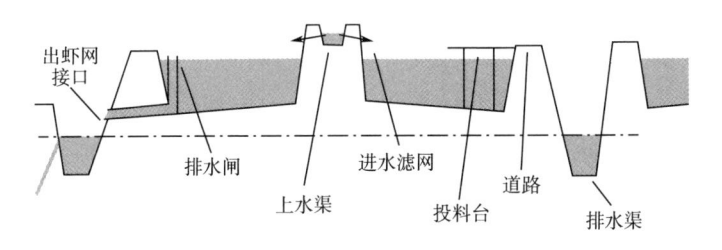

图 2-2 对虾养殖池塘的工程设计

2. 清淤与除害

"新塘赚三年"在对虾养殖行业中广为流传，就是说新建的养虾池塘效果较好，而数年后养殖就越来越困难，对虾生长缓慢，病害也逐年增多。因此，养虾池塘或长期使用的水泥池、铺膜池，以及蓄水池及配套进排水设施、设备等，在放养虾苗之前必须彻底清理、消毒，以保证养殖环境的生物安全。清塘一般采用清淤、曝晒和浸泡冲洗等方式。清淤通常是采用挖掘机、推土机、泥浆泵等机械设

备将池底淤积层尽可能地清出池外。清淤后塘底一般要经烈日曝晒10~20天，待表层泥土全部氧化后，再翻耕一次，把底层的还原层翻到表层继续氧化，必要时还可多次翻耕使有机物充分分解。之后，可以少量进水浸泡与冲洗池塘，促进有机物的分解和溶出。铺膜的池塘可用水泵冲刷沉积物，经数日晾晒或喷洒消毒剂消毒后，可再次养虾。

3. 水源

水源水质应达到国家淡水和海水养殖用水标准。虾类对农药敏感，用水应特别注意。符合养虾标准的海水、淡水处理较简单，一般经常规消毒、曝气、沉淀、网滤或沙滤即可使用。

沿海地区均受到对虾病毒等病原体的污染，养殖对虾比较困难。为了防病及扩大养虾范围，可以利用远海区域或盐碱地地下水养虾，但需要考虑钾、钠、钙、镁等主要离子和重金属离子的含量与比例，以及国家有关地下水使用的管理规定。如在黄河三角洲地区主要决定于钾钠比，正常海水中钾含量是钠的3.5%左右，该区最低处不足1%，虾苗成活的最低需要是2%，所以，将钾含量补充到钠的2%，虾苗即可成活。由于对虾随着生长适应性不断增强，养成期换水就不必再补充钾盐。各地区地下水的组成不尽相同，应根据测定结果进行离子调整。

南美白对虾为典型的广盐种类，其养殖水体盐度通常为0.7~40，北方一些盐场蓄水池盐度有时超过50，也有产出。进水一般要经过初级沉淀，80~120目筛绢网过滤注入池中。如使用经过养殖区的外源海水，应以$50~100g/m^3$的漂白粉消毒。待有效氯降到0或接近0时，根据池水盐度，全池泼洒$10~30g/m^3$，提前浸泡2~3h的茶籽饼，此举在清除野杂鱼类的同时，兼有肥水作用。消毒后水体透明度高，加之水浅，尤其在春季温度不高时，一些池塘底部容易出现由底栖硅藻及有机物形成的"泥皮"，或生长刚毛藻、肠浒苔等大型丝状藻，其大量产生会消耗土壤肥力，造成之后的肥水困难，水体清瘦。随着水温升高，藻类长时间覆盖底部，导致底泥发黑发臭，产生氨氮、亚硝酸盐或硫化氢等有害物质,加剧水质恶化。因此,池塘消毒后的肥水操作需要立即进行,除了上述使用茶籽饼外,还应根据实际情况适量使用商品化的肥水用品,调节水体透明度在30cm左右。

4. 虾苗的放养

对虾苗种一般来自持有水产种苗生产许可证的企业,黄海、渤海区域养殖的虾苗多为海南、广东、福建、山东或河北等厂家繁育的P4~P6仔虾（第4天至第6天的仔虾）。虾苗通常要进行严格的质量检验,包括整齐度、活力状态、外观光泽度、肌肉、消化、呼吸系统的状况,趋光、顶流和摄食情况及常见病毒、致病细菌和寄生虫等病原携带情况。

放苗时,需要充分考虑虾苗对盐度、温度及其他水质条件的适应范围,通常情况下盐度变化控制在2以内,在1个盐度左右的低盐度水中养殖,建议放养1.2cm以上的大规格苗种,且需要提前联系苗场降低盐度差至1左右。如条件允许,低盐度养殖者可以采用自行中间培育（标粗）淡化的方式。无论何种情况,放苗前应进行虾苗的适应性试验（试水）,即将虾苗取回放于装有养殖池塘水的大桶或水槽等容器中,或装在网箱中再直接置于池塘中,12~24h后观察其存活及活力情况。

具体放苗日期的确定还需要关注当天及中短期天气状况。通常都认为早放苗可养大虾,但是放苗过早、水温不够,虾苗新陈代谢率低,生长缓慢甚至不生长,幼小的虾苗很易被敌害生物捕食。低温对虾苗又是一种胁迫因子,虾苗容易发病,降低虾苗的成活率。因此,过早放苗是无益而有害的。实际生产告诉我们,早放苗不如早养水,使池塘内的饵料生物充分繁殖起来,到了虾苗生长适温期再放苗,虾苗生长很快,甚至超过低温早放的虾苗。南美白对虾放苗时池塘的日平均水温应在22℃以上,运输水温一般控制在此温度左右,尽量减小苗种培育池、运输至养殖池塘之间的温差。

放苗密度通常需要考虑养殖池塘硬件条件、技术管理水平、生产销售计划等因素,一般在1.5万尾/亩~5万尾/亩。养殖密度关系到养虾成败及经济效果，放苗不足，总产量低；而放养密度过大，生长慢、个体小，总产量虽高，因价格低，效益并不一定好。另外，高密度养殖中的投喂管理和水质调控难度增加，在虾病普遍流行的现阶段，由于水质败坏、底质缺氧造成发病的风险日趋严重，一味追求高产常会得不偿失。

5. 虾苗中间培育

虾苗经空运至当地的养殖厂，通常要经过中间培育（标粗）再进行销售或养殖。此期间虾苗体长从 0.4~0.6cm 生长至 1.2cm 左右，或经过两级培育至 2.0~4.0cm，再进入养成阶段。这个方式目前比较普遍，也是北方地区对虾养殖的关键技术。中间培育过程中可以对小苗进行集约化管理，水质、饵料投喂能做到精细化可控。如此可有效减少北方春季低温、养殖期短等不利条件的影响，在提高对虾成活率、缩短养殖周期、减少病害风险的同时，可以灵活调整成品虾上市时间，做到反季、错峰上市。中间培育虽然有较多优点，但对生产设施和技术管理有一定要求，部分养殖户选择直接向池塘中投放 1cm 以上的仔虾。中间培育的具体操作如下。

(1) 设施设备。

1) 培育棚室。培育棚室为塑料薄膜棚、钢架温室、水泥浇筑框架温室、玻璃温室等结构，并满足对温度、光照、通风、防敌害生物及生物安全等的要求。棚室设计与建造宜遵循如下原则：①塑料薄膜棚采用钢架结构、钢绳结构等，以单层或双层塑料薄膜覆盖，棚顶及棚底部塑料膜留有可调节通风口，棚外设有可调节的保温被。②钢架温室、水泥浇筑框架温室具有保温透明屋顶，屋顶结构采用钢架、钢木混合架等。③在风力较强的海边，优先采用抗风力强的低拱屋顶结构，可为单跨、双跨或多跨，跨距一般 8~18m。棚室的顶部及墙体为保温材料，顶部留有透明带，墙体四周设采光窗户。

2) 蓄水池。一级蓄水池为土池、覆膜土池或混凝土水池等类型，池底能排干，并配有增氧设施。二级蓄水池通常为 2~3 个可单

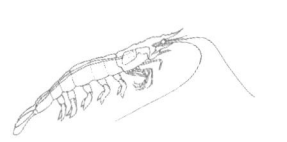

独进排水的小池，以分别对水体消毒，轮换使用。小池可搭建塑料薄膜棚，防止消毒后水体二次污染，同时起到自然升温与保温的作用。

3）培育池。工厂化模式培育池可为砖混、保温模块混凝土浇筑或直接混凝土构筑并涂水产养殖专用漆，或采用聚丙烯、玻璃钢、PVC夹网布等材质的水池。面积宜为30~60m^2，形状为方形或圆形，方形池四角以弧形为宜。

小棚土池塘模式培育池以泥沙底质为宜，具有较好的保水性，可以用无纺布或土工膜护坡，面积通常为400~1000m^2。

培育池深宜为1.2m，最高水位宜保持在1.0m。池底由周边向集污口倾斜，坡度为3%~5%，集污口设在池底中央或靠近集苗池一侧，用管径为110~160mm的PVC管与集苗池相接。集苗池长≥1.2m、宽≥1m、高≥0.4m。

4）尾水处理池。根据培育车间总育苗水体和培育期间换水量确定尾水处理池容积，其有效容量在培育池水体的30%以上。采用过滤、沉淀、曝气、消毒、微生物或藻类等措施使养殖尾水达到地方排放标准要求或循环利用。

5）增氧设施。采用罗茨鼓风机等方式进行增氧，气石（60目），布放密度为4个/m^2，距池底5cm；也可采用微孔管方式充气。配置的增氧动力保证10~20W/m^{3}水体。有条件者可备纯氧辅助。

6）升温设施。采用符合节能环保要求的燃气、燃油锅炉或热泵等设施，供热能力满足培育池水温在25℃以上。

7）其他设施。配备相应的备用发电机组；常用水质检测设备。

（2）放苗前准备。

1）蓄水与消毒。蓄水池进水前先进行清理。进水需经过滤，可在进水口装置150目的滤水网。蓄水池以及经过清塘、翻耕、晾晒的小棚模式土池，进水后使用200~300mg/L生石灰或30~80mg/L漂白粉（含有效氯25%以上）泼洒全池、消毒，充分曝气3~5天，对仔虾测试安全后使用。室内工厂化培育池投苗前清洗池壁，底部及排污管冲刷干净，并使用浓度为50g/m^{3}或以上的漂白粉水溶液泼

洒全池、消毒，冲洗后排干水待用。

2）进水与培水。培育池进水后，根据源水情况，泼洒 EDTA 络合重金属，施用维生素、有机酸等，以及经充分发酵的有机肥料，促进有益菌、单细胞藻类、小型浮游动物的繁殖及菌胶团的形成。

（3）放苗。

1）苗种选择。虾苗应是对外界刺激反应敏捷、活力强、无特异性病原的健康虾苗，必要时按照 GB/T 25878、GB/T 28630 等标准进行检疫。应查验虾苗培育过程中药物的使用记录，使用违禁药物的虾苗不得用于养殖。

2）放苗环境。培育池水位初期为 60cm 左右，池水透明度应大于 30cm。水温应在 25℃ 以上，pH 为 7.8~8.6，盐度以 15~32 为宜。

3）放苗规格。用于中间培育的虾苗通常为变态后第四天或第五天的仔虾（P4 期、P5 期），生物学体长为 0.4~0.6cm。

4）放苗密度。虾苗放养密度根据生产计划、设施条件及管理水平而定，一般为 5000~15000 尾/m^2。

5）试水放苗。取准备好的培育池水，加入塑料水槽或水桶等容器中，一般 10L 水中放入 30~50 尾虾苗，充气模拟正式放苗，12h 后虾苗成活率若大于 95%，则可正常放苗。放苗前 2h 可泼洒维生素 C（2mg/L）。虾苗袋入池前用 1000mg/L 的碘液消毒，再放入养殖池中缓苗 10~30min，待苗袋内外温差小于 1℃ 时，可以放苗。放苗后注意观察，虾苗通常无聚集现象，能快速游开并下沉。

（4）日常管理。

1）换水和排污。培育前期每天加水 5~10cm，3~5 天开始排污换水；后期需每天按时排污、换水，换水量在 5%~20%。培育过程中使用芽孢杆菌、光合细菌及其他有益的微生物制剂调节水质。

2）投喂管理。使用配合饲料，饲料质量和安全卫生应符合 NY 5072、SC/T 2002、GB/T 22919.5 的规定。前期日投喂量为虾体重的 50%~100%，每日投饵 4~6 次，中、后期日投喂量为虾体重的 10%~30%，每日投喂 4 次。

3）水质检测。定期检测水质与生物指标：①每日早、中、晚定时巡检，测定水温、溶解氧、pH 等常规水质指标，换水前测定氨氮、亚硝酸盐等指标。②定期检测源水和培育水体的盐度、余氯、钙镁离子、总碱度等水质指标，以及弧菌、总菌等微生物与浮游生物的种类和数量变化。③定期测定对虾数量及生长情况。

4）病害防治。病害防治遵循如下原则：①随时观察对虾活动、分布、摄食情况，注意发现病虾及死虾，检查病因。②不应纳入发病虾池排出的水。③人员接触病死虾后要进行消毒处理，及时切断病原传播途径。④药物使用应符合 NY 5070、NY 5071 的要求。⑤培育车间、棚室应定期进行熏蒸和消毒。

（5）虾苗出池。

1）出池规格。仔虾经过 10~15 天的中间培育后，小苗规格大于 1.2cm 时可以进行出池销售，或继续培育为 2cm 以上的大苗。

2）外观质量。个体大小均匀，体色透明，体表干净，无损伤和畸形，肠胃饱满，活力强。

3）病原及药残检测。虾苗出池前对白斑综合征、早期死亡综合征/急性肝胰腺坏死综合征、肝肠孢虫、传染性肌肉坏死病毒、传染性皮下和造血组织坏死病毒等重要病原进行检测。

4）出池方法。虾苗出池起捕前先停料。工厂化培育池可先采用虹吸法排水，然后开启排水阀门放水，集苗出池，也可用手推网或地笼网捕捞。小棚模式出苗以地笼网捕捞为主，也可采用手推网或拉网的方式。培育池水温与养成池水温相差小于 2℃，盐度保持一致。

（6）生产记录。

应认真做好有效数据积累，包括但不限于做好养殖生产记录、用药记录、水质监测记录及苗种去向记录。

6. 养成期日常管理

（1）投喂。

虾类肠道直而短，摄食后排空时间较短，因此摄食量较大。其

日摄食量与体长（或体重）成正比，日摄食率随体重的增长而下降。投喂量应根据对虾的大小、存池量、蜕壳周期、池塘内饵料生物和竞争者数量，以及天气状况、水环境等诸多因素综合确定。精准的投喂技术是虾类养成中的关键技术，决定着养虾的成败和效益。投喂不足，影响对虾生长；投饵过量不仅浪费饲料，还会造成水质、底质环境恶化，降低虾体的抗病力，致使虾病暴发，或者导致缺氧死亡，造成严重的经济损失。因此，研究对虾摄食规律，进行科学、合理的投喂是养虾过程中的重要任务。水产动物投饵量化的指标一般有饲料效率和饵料系数，其定义如下。

饲料效率（E）是指虾类增重量与摄食量之百分比，即：

$$E = G_1 + G_2 - G_0 / R_1 - R_2 \times 100\%$$

式中：R_1 为投饵量；R_2 为余饵量；G_0 为试验开始时虾类总量；G_1 为试验过程中死亡虾类重量；G_2 为试验结束时虾类重量。

饵料系数 = 投饵总量/虾产量

两项指标表示方式不同，但均体现了饲料投入与对虾产出的关系，有时对于同一种饲料，不同用户的饵料系数差异明显，这不仅与饲料配方的科学性、原料质量、加工质量及鲜度等质量因素相关，且与投喂技术密不可分。影响饵料系数的因素如下：

1）池塘水质。水质清新，菌藻平衡，溶解氧充足，虾体代谢旺盛，摄食量大，利用率高，生长快，投饵系数低；溶氧含量低，氨氮、亚硝酸盐等升高，池底残饵粪便积累、缺氧导致黑臭，产生硫化氢等有害物质，影响虾类的摄食和消化，如仍按常规投饵，势必有剩饵，使投饵系数增大。

2）其他生物的数量。如基础饵料生物丰富，饵料系数下降；野杂鱼类、水蚤等敌害生物较多时对虾成活率下降，饵料系数上升；竞争生物如天津厚蟹、长臂虾等较多时，也会使饵料系数上升。

3）病害。病害发生会增加饵料系数，像肝胰腺细小病毒病、皮下及造血组织坏死病、虾肝肠胞虫、纤毛虫等都是慢性、消耗性疾病，患病个体生长缓慢，造成饲料效率下降；引起对虾大量

死亡的疾病，由于成活率低，存池量下降，如不及时发现，投饵无所得，饵料系数也增大。

4）投喂量。日投喂量不等同于日摄食量，通常为日摄食量的70%左右，可获得较好的效益。投喂过量会造成饵料系数增高，尤其在对虾蜕壳、因缺氧或水环境差导致轻微应激等情况下，没有及时调整投喂，则会加剧浪费；但投喂过少也会提高饵料系数，这是因为虾类摄取的营养首先要满足其基础代谢、生命活动的能量消耗，再有营养才用于生长和积累，如果所投的饵料仅够以上两种代谢的需要，其就不再生长，只吃食不长肉，白浪费饲料，造成饵料系数的上升。

综上所述，投喂时应根据虾体状态、池塘内其他生物的数量、水质状况调整投饵量，还应充分考虑天气等大环境因素，如连续阴雨、闷热、降温等。7~8月是对虾生长较快的季节，平均体长日增长值应在1mm以上，如达不到上述速度，而饲料质量和水质又不存在问题时，则可能是投饵不足，应增加投饵量。对虾大小不齐，除疾病影响外，可能是投喂不足导致的。

更需要注意的是实时观察对虾的摄食情况，一般是通过放置饵料盘检测剩料及虾摄食情况。饵料盘多为钢筋和尼龙筛网做成的直径为60~80cm的圆盘，周边有6cm高的边缘。3~5亩的池塘，分别于上下风处各设1个料盘。虾体长小于5cm，每个饵料盘上投放一次投饵量1%的饲料，2h后提盘检查；虾体长6~8cm时，饵料盘上投放一次投饵量1.5%的饲料，1.5h后提盘检查；虾体长8cm以后，饵料盘上投放一次投饵量2%的饲料，1h后检查。均应先投池内，再投到饵料盘上。如果饵料盘中的饵料在预定时间内被吃完，虾的胃肠道饱满，则投饵合适。如果饵料盘上有剩料，则投饵量过大，应减少投饵量。正常情况下，投饵后1h应有80%的对虾的胃饱满度达到饱胃和多胃，如达不到此水平，而水质环境又无异常，便可能是投饵量不足。投饵后4h应有多数对虾处于少胃和空胃，如饱胃率仍很高，说明投饵过多，应减少投喂量。但是，也不能只根据胃饱满度判断投饵的多少，在不投饵时，饥饿的对虾还会摄食自身的粪

便、底泥、杂藻等充饥，对虾的胃肠仍会很饱满。在长期投饵不足时肠道还会变得粗而弯曲，胃肠充盈，这是因长期缺饵或营养不良的一种生理性适应，应进行胃含物的检查，确认后适当增加投喂。另外，也可以在投饵后2~3h利用小刮网，刮取池底表土，检查剩料情况。对虾生长情况可以采用抛撒旋网的方式取样测量。

投喂次数也是影响对虾摄食和生长的重要操作，如果日投喂4次，可为5:00、10:00、17:00、20:00各投1次，一般5:00及17:00的投喂量各占日投喂量的30%。生长速度常随投喂次数增加而加快，日投喂6次的对虾的生长速度比投喂2次的快72%。因此，在力所能及的情况下，应尽量做到少食多餐，提高饲料的利用率，一般幼虾阶段投喂6次，后期投4次。少食多餐不仅可保持饲料的性状，促进对虾摄食，还可减少营养物质的流失，减少饲料对池水的污染。投喂处一般相对固定，小苗期在浅水活动，可在水深0.5m的浅水区投料，中后期在水深1m左右处。但尽量不要投在水深过深的区域，因为深水池底光线很难到达，产氧能力不足，残饵粪便容易淤积败坏底质，另外也需要给虾留出一定的清洁、适合栖息的面积。

(2) 水质调控。

池塘水环境包括水质和底质，其质量直接影响对虾的生理活动，关系到摄食、生长及存活，因此要养好虾必须先养好水质和底质。养殖过程中各水质指标建议值：溶解氧应在5mg/L以上，不低于3mg/L；氨氮不超过0.6mg/L，亚硝酸氮不高于0.5mg/L；化学耗氧量不超过10mg/L；底层水中硫化氢不超过0.01mg/L，底泥间隙水中硫化氢不超过1.0mg/L；海水pH为7.5~9.0，淡水pH为7.0~8.5；池水透明度为30~60cm。水质管理通常包括换（添）水、增氧、调水、底质改良（改底）等操作，具体如下：

1) 换水。换（添）水是改善水质最经济而有效的方法，在正常的情况下，池塘的生产力与换水量成正比。然而，目前并不主张通过大换水来提高产量，一是因换水就要污染环境，增加成本；二是换水增加了病害传播的风险，很多地区出现了换水量越大，虾越容易发病和死亡的情况。若具有蓄水池可以对进水消毒,那么在池塘水质恶化,需要应急处理或日常保持水质时,则可以适量添、换水。如池塘内浮游植物过剩,透明度低于30cm,或者原生动物、浮游动物大量繁殖,使池水透明度大于60cm,或者细菌大量繁殖使池水呈白浊色;池底污染严重,由厌氧细菌矿化作用生成的甲烷、硫化氢气体逸出,底泥黑而发臭;虾类的食量下降,糠虾、虾虎鱼等在早晨出现浮头或虾类已出现浮头。水源为井水,只要其水质指标良好,可以直接使用,或经过蓄水池沉淀、升温后进行添、换水。

2)增氧。增氧机或鼓风机微孔管底充气不仅可供给鱼虾所需要的氧气,更重要的是促进池塘内有机物的氧化分解,促进池水的上下对流,增加底层溶解氧,减少硫化氢、氨等有害物质的产生,对改善对虾栖息环境的生态条件,提高池塘生产能力具有重要作用。不同类型的增氧机,其性能也有差异,市售产品包括叶轮式、水车式、射流喷水式、螺旋射流式以及鼓风机等类型。

增氧机的使用应根据增氧机的功能及养殖对象和池塘条件进行选用。比较浅的池塘可使用水车式增氧机,水车式和射流式增氧机除供氧、搅水作用外,还有集污作用,可将聚集于池底的排泄物、残饵等流转到池塘排污口处。深水的池塘可使用叶轮式或深水叶轮式增氧机,可更好地促使池水上下对流。

晴天白天时,由于热阻力的作用,池水不能上、下对流,形成溶解氧和温度的分层,表层丰富的溶解氧不能扩散到底层而逸至空气中,此时如开动增氧机,可利用表层的氧盈去抵还底层的氧债,增加底层溶解氧,所以,在光合作用较强的中午前后开动增氧机是非常有必要的。夜间特别是午夜以后到黎明前,池塘耗氧增高也应开机增氧。阴雨天,由于浮游植物光合作用减弱,产氧量少,加之气压低,减少了空气中氧气在水中的溶解,池塘很易缺氧,也应开机增氧。生产中还应实时监测池塘溶解氧含量,并做相应处理。当溶解氧小于5mg/L,pH在下午2:00仍然小于8.4时,夜里应加开增氧机,并根据摄食情况适当减料或停料。而当溶解氧小于2mg/L时,

需要全天加开增氧机,并加增氧剂(过碳酸钠),停止喂料。

3)调水。水质管理除了上述换水、补水以及增氧等操作外,调水产品的使用也是重要的内容,尤其近些年生物科技的发展,生物净水备受关注,并广泛使用。生物净化作用是多方面的,包括微生物分解、营养盐消耗、有机碎屑生产及浮游植物的利用等。

池塘内自然存在着异养菌和自养菌,它们能使海洋生物的排泄物、残饵、尸体等有机物转化成无机物,以减少它们的毒害作用:这个过程分为两个阶段,第一步是由异养菌把蛋白质和氨基酸分解为氨和其他无机氮的过程,称为含氮有机物的矿化作用;第二步则由吸收无机碳的自养菌从氧化氨为亚硝酸盐和硝酸盐的过程中取得能量,其代表菌是亚硝酸单胞杆菌和硝化杆菌,前者将氨氧化成亚硝酸盐,后者将亚硝酸盐再氧化成无毒的硝酸盐。在池塘中定向培养有益微生物不仅能加速过剩氮、磷等营养盐的代谢转化,还可以抑制致病菌的繁殖,减少虾病的发生,而这些微生物还是池塘食物链的重要组成,可以作为对虾的饵料。常见的净化水质和底质的微生态制剂有光合细菌、枯草芽孢杆菌、硝化细菌、蛭弧菌、乳酸菌、放线菌、酵母菌等。

目前,水产动保企业的微生态制剂产品门类繁多,质量差异较大,购买前需要考察产品是否符合相应的国家标准,掌握其使用方法。投放前则还需要参考水环境中的其他因素,如水体溶解氧较低,则需要谨慎操作,一般选择在添、换新水后的晴天上午,或开增氧机的情况下使用。在对虾发病或蜕壳期间应减少水体负荷,停用或减少用量。另外,部分菌制剂间有拮抗作用,需要参考产品使用说明,依次投入,不可随意混合。

(3)底质改良。

对虾为底栖动物,不仅是在水底活动、摄食,还需潜入泥沙中休息和避敌。所以,底质的好坏与其摄食、生长及体质都密切相关。半精养池塘中,由于生物密度大,投饵量多,排泄物、残饵及生物尸体等均沉于池底,这些沉积物的形成速度大大超过池塘自身的净化能力，所以形成一层很厚的有机底层。判断池底污染状况的最简单的办法是直接观察，有经验者可根据池塘底泥的气味和颜色进行判断。表层为黄色，内层为灰色，无臭味为良好池底；表层为黄色，内层为黑色，有臭味为中度污染池底；表层和内层均为墨黑色，并有臭味为重度污染池底。

如前所述，增氧机配置位置合理，使整个池水转动起来，可以加速池底污物不断氧化、分解，也可以使其处于相对集中处，再排出池塘，或使用水质（底质）改良机，将淤泥吸起并喷洒于表层，促使其氧化，以达到改底的作用。另外，精准的投喂也是减少底质污染的重要措施。池底污染严重时，还可使用池底改良剂促进有机物的分解或吸附有毒物质，常用药物有氧化亚铁、生石灰（氧化钙）、过氧化钙、沸石、过硫酸氢钾等。

7. 收获

收获是对虾养成生产中的最后流程，也是不容忽视的工作，应善始善终地将虾收好，做到丰产又丰收。常用的收获方法如下。

拉网：这是目前半精养池塘普遍采用的方法。与鱼类捕捞类似，通常由两队人在池塘左右两岸拉网前行，至行进方向的岸边时集中收网，用塑料筐将虾运至运输车上。

闸门挂网放水：此方法适合于具有排水捕虾设计的池塘，在闸门处安装锥形挂网，利用对虾夜间沿池活动的习性，开闸放水，水流将虾带入网中，实时将网兜处的虾倒出。

陷网（圈网、地笼）：此法适合于小批量收捕活虾上市，目前应用较广泛。陷网是一种具有倒袖的网笼，网笼入口处设"八"字形网墙，沿池边设网。地笼与其类似，利用对虾在夜间沿边游动的习性，游进网笼而不能出，定时收虾。

旋网（投网）：在虾密度较大而总量较少的情况下，可以用旋网沿塘边撒网捞取。

收获的活虾应置于充气、低温水箱（南美白对虾通常在13℃左右）中暂养，死虾则应立即捞出，置于冰块中保鲜。

第二节 蟹类养殖模式与技术

随着人们生活水平的提高,对优质蟹类的消费与日俱增,蟹类养殖也逐渐受人关注。我国蟹类养殖主要以淡水的中华绒螯蟹(河蟹、大闸蟹)为主。在北方除了养殖河蟹外,山东、河北、辽宁沿海有业者从事三疣梭子蟹、日本蟳的养殖,其中包括收购海捕蟹进行反季销售的养殖方式。而南方江苏、安徽、浙江等内陆水域以养殖河蟹为主,浙江、福建及以南沿海地区则养殖三疣梭子蟹、锯缘青蟹、远海梭子蟹等种类,也有一些中转暂养的方式。

一、河蟹

1. 养殖模式

1980年,辽宁省营口市开始试养河蟹,1985年以后全国养殖规模逐年扩大。养殖形式也逐步由单一的池塘养蟹,推广到池塘种草、投螺、鱼蟹混养、河沟养蟹、荡塘养蟹、湖泊围网养蟹、稻田养蟹以及水库等大水面养蟹模式,养殖产量迅速增加。目前,北方商品蟹养成所需苗种多为盘锦当地土池培育的大眼幼体(蟹苗,16万~20万只/kg),当年(6~10月)养成为"扣蟹"(蟹种,160~200只/kg),越冬后第二年用于养殖成蟹。

我国北方地区利用稻田进行河蟹养殖始于1991年盘锦荣兴农场,之后盘锦光合蟹业有限公司李晓东博士对该模式进行了系统研究,为其产业化推广奠定了基础。目前,利用稻田养殖"扣蟹"和成蟹,在盘锦、营口等水源充足,有一定水稻种植面积的地区比较普遍。通常是在每年年初开始整理稻地,建设或维修暂养池沟坑等田间工程,4月前后购买越冬"扣蟹"集中饲养于沟坑内,待水稻"返青"后,将其转入稻田继续养殖;6月初购买大眼幼体,则直接放入稻田养殖至秋季。这期间需要进行防逃、进排水、投喂等一系列技术管理。因为化肥和农药对河蟹有一定毒性,所以放苗后的稻

地基本不再追肥或使用杀虫剂。水稻为蟹提供了遮蔽物，净化了水质，而蟹能够摄食一些稻田的害虫，为水稻提供了护卫。蟹—稻共生模式是生态养殖模式，符合生态农业的理念。但是这种模式也会影响水稻产量，因此纯正的蟹田大米其售价也要稍高。

蟹种（扣蟹）养成过程中会出现性早熟现象，即6月放苗，养至10月，有部分雌、雄蟹已长成与两年成蟹相似的形体，生产上称为"二龄蟹"。这些蟹的个体较小，通常只有20～50g，雌蟹的腹部变圆，雄蟹螯肢上的绒毛浓密。性早熟"扣蟹"于当年秋季在咸水中即可交配、产卵，但它们不会再蜕壳生长，所以不能用作第二年养成的蟹种。这些蟹在收获时通常会被挑出，低价卖给加工厂制作"醉蟹"、蟹黄酱或作为钓鱿鱼的饵料。性早熟蟹虽然没有再继续养殖的价值，但其"肥"得较早，性腺和肝胰腺（蟹黄）饱满，而且壳薄，如果能当年养成较大的个体，则会节省成本，在市场销售方面就会具有明显优势。然而，目前有关河蟹性早熟的机理尚无定论，现有研究结果普遍认为是遗传和环境综合作用的结果。

成蟹养殖利用稻田、河沟、荡塘、湖泊围网以及水库等大水面模式。辽宁盘锦、营口、丹东、庄河等水稻产区多以稻田养殖成蟹为主。成蟹养殖的基本操作与"扣蟹"养殖相似，但稻地水浅，温度、水质等环境因素变化剧烈，所以养蟹稻地周边往往要开挖环沟，供蟹栖息，并配合水稻种植的操作；另外，成蟹具有很强的逃跑能力，也需要更严格的防逃措施。很多中小型水库也进行河蟹养殖，尤其在一些水草丰富的水库，河蟹养殖效果更为理想。但同时也发现，随着养殖年份的增加，商品蟹规格与数量都会下降。因此，水库等大水面养殖应进行合理的生产规划，优化养殖种类的搭配和放养密度。有条件者可以采用围网的方式，将养蟹区隔离，并每年轮换区域，使水草及底栖生物得以交替恢复。

2. 稻田养蟹技术

（1）环境条件。

养蟹稻田应选择环境安静，水源充足，水质良好，无污染，进、

排水方便和保水性强的田块。土质肥沃利于浮游生物的培育和增殖。水源通常为河水、水库蓄水或井水，盐度在2以下。

（2）田间工程。

根据地势和进、排水条件，以10~20亩为一个养殖单元为宜，这样便于管理，并能够满足河蟹生长过程中的空间要求。养蟹稻田的田埂应加固夯实，顶宽50~80cm，高60cm，内坡比为1:1。在养蟹稻田距田埂内侧50~60cm处挖环沟，其上口宽100~300cm，深60~120cm。环沟尽量深挖，但面积严格控制在稻田面积的10%以下。没有环沟的稻田，可以选择在邻近水源的稻田、沟渠处开挖暂养池，面积不超过种养面积的10%。暂养池水深一般为70~150cm，四周设防逃塑料围格。暂养池与进水和排水沟渠有管道相通，管口可接软管（管带）替代阀门，并在进水口安装过滤网，出水口安装防逃网，投放大眼幼体苗种时用40~60目筛绢网，投放扣蟹时用网目为1cm以下的渔网。

每个养蟹地块在四周田埂上设置防逃塑料围格，材料通常为较厚的塑料膜（蟹膜），将膜埋入土中10~15cm，剩余部分高出地面50~60cm，其上端一般用订书针固定于尼龙绳上。每隔50cm左右插一根竹竿作桩，将尼龙绳、防逃布拉紧，固定于竹竿上端，接头处避开拐角。拐角做成弧形，成蟹养殖时拐角塑料膜上方向内伸出上沿。

（3）稻田蟹种（扣蟹）培育。

1）蟹苗。蟹苗来源于有苗种生产许可证、苗种检疫合格、信誉好的蟹苗生产厂家。

生产上采用"三看一抽样"的方法来鉴别蟹苗质量优劣：一是看体色是否一致，优质蟹苗体色深浅一致呈金黄色，带有光泽，头胸部肝胰脏内食物色明显，附肢晶莹剔透。二是看群体规格是否均匀，同一批蟹苗的大小规格必须整齐。三是看活动能力强弱，蟹苗沥干水后，用手抓一把轻轻一捏，再放在蟹苗箱内，观察其活动情况，若蟹苗能迅速向四面散开，则是优质苗，如互相黏成一团不易散开，则质量稍差。还有一种鉴别方法，抓少许蟹苗放入水盆中，若其迅速游开并呈现出规则游泳状态，则为健康苗，如果有一定比例的黑苗或者活力差、沉底、游泳速度缓慢的苗，则质量差些。四是抽样检验蟹苗规格，称1~2g蟹苗计数，折算成每千克蟹苗的数量，一般每千克大眼幼体在14万~16万只为正常苗，过大或者过小都要追溯其形成的原因。育苗时培养密度低、饵料充足的育苗池培育出来的蟹苗规格大些，有的甚至在12万~13万只/kg，虽然这样的苗种成活率有可能较高，但秋后回捕数量可能会降低。培养密度高且饵料不足的育苗池育出的蟹苗一般规格较小，甚至超过18万只/kg，这样的苗种有可能因为先天缺乏营养而导致成活率降低，但也有回捕数量较高的案例。

蟹苗用专用蟹苗箱运输。蟹苗装箱前要沥干水分，装箱后将其摊平，厚度以2cm为宜，将最上面的箱体封死或用一空箱，把箱平稳地放在运输车内；在运输途中，为保持湿度，可用水草、湿毛巾或湿麻袋盖在苗箱上方和四周；要防止风吹、雨淋和曝晒，若运输时间超过1h，还要向遮盖物适量喷水；运输途中温度要保持在25℃以下，若运输时间超过5h，要采取降温措施，将温度保持在10~15℃；长途运输可采用保温箱网袋装苗、加冰降温等方式。运苗最好争取在夜间或阴天进行。

2）放苗。在辽宁地区，插秧后可以直接将蟹苗（大眼幼体）放入稻田养殖，而有些地区则要将蟹苗先进行暂养。如以暂养池方式养殖，则在放苗前需要提前做好准备工作。进水前每亩按200kg施入发酵好的鸡粪或猪粪，进水后耙地时翻压在底泥中，农家肥不但可以做水稻生长的基肥，还可以滋生淡水中的桡足类和枝角类，以作为幼蟹的优质饵料。耙地两天后每亩施入50kg生石灰清塘，注意暂养池和一般养殖池的区别是绝对不能投施除草剂，插秧后向暂养池内放入一些活的枝角类培养，作为蟹苗的基础饵料。有条件的地方最好移栽水草，有许多种类水草是河蟹良好的植物性饵料，如苦草、马来眼子菜、轮叶黑藻、金鱼藻、浮萍等，甚至刚毛藻对河蟹的栖息和觅食也有益处。水草多的地方，各种水生昆虫、小鱼虾、螺蚌蚬类及其他底栖动物的数量也较多，这些又是河蟹可口的动物性饵料。

蟹苗暂养时，密度以2~3kg/亩为宜；直接放入稻田，其放苗密度通常在0.15~0.2kg/亩。注意蟹苗温度和养殖池的水温相差不能超过2℃，特别是经过长途运输，且运输过程中采取降温措施的蟹苗，更应注意防止温度的骤变。放苗时，先将蟹苗箱放置池塘埂上，淋洒池塘水，然后将箱放入水中，倾斜箱体让蟹苗慢慢的自行散开，如果有抱团现象，用手轻轻撩水成微流状，让苗散开。

3）管理。饵料投喂：蟹种养殖过程中，饵料种类有植物性饲料、动物性饲料和配合饲料。植物性饲料有豆饼、花生饼、玉米、小麦、地瓜、各种水草等；动物性饲料有浮游动物、鱼类、底栖线虫类、螺蛳等。配合饲料的质量应符合GB 13078和NY 5072的规定。蟹苗入池后的前三天以池中浮游生物为饵料，若水体中天然饵料不足，可捞取枝角类等浮游生物投喂。蜕壳变Ⅰ期仔蟹后，投喂新鲜的鱼糜、成体卤虫等，日投喂量为蟹苗重量的100%左右，日投饵2~3次，直到出现Ⅲ期仔蟹为止。Ⅲ期仔蟹后日投饵量为体重的50%左右，日投饵2次。投喂方法为全池泼洒。

放苗后1个月为促长阶段，饵料要求动物性饵料比重在40%以上，或投喂配合饲料。日投喂量以仔蟹总重量的10%~15%为宜，其中上午8点投1/3，下午6点投2/3。蟹苗入池后的60~80天为蟹种生长控制阶段，一般每天下午6点投饵一次。前20天内，日投动物性饲料或配合饲料约占蟹种总重量的7%，植物性饲料占蟹种总重量的50%。以后改为日投动物性饲料或配合饲料约占蟹种总重量的3%，植物性饲料占蟹种总重量的30%。蟹苗入池90天以后为蟹种生长的催肥阶段，要强化育肥15~20天，需增加动物性饲料、配合饲料及植物性饲料中豆饼等精饲料的投喂量，投喂量约占蟹种总重量的10%。

河蟹投饵量应根据摄食、天气、水质及脱壳情况等灵活掌握并调整，一般以观察上次投饵后的残饵量为调整依据，稍有剩余则为适合，无残饵则需加量投喂，如残饵量较多，则须减小投喂量或者

更换饵料种类来调整。

水质调控：蟹苗入池后，视池水情况，逐步加入经过滤的新水，水深保持在40cm以上。视水质情况每隔5~7天泼洒生石灰水上清液调节pH保持在7.5~8.0。如在稻田养殖，其水位一般在10~20cm，高温季节，在不影响水稻生长的情况下，可适当加深水位。养殖期间，有条件的每5~7天换水一次，高温季节增加换水次数，换水时排出1/3后，注入新水。每15天左右向环沟中泼洒生石灰一次，用量为$15\sim20g/m^3$。

分苗与巡检：蟹苗在暂养池长至Ⅲ~Ⅴ期仔蟹，规格达到4000~10000只/kg时，开始起捕，放入稻田进行扣蟹养殖。起捕采用进水口设置倒须网，流水刺激，利用仔蟹逆水上爬的特性，起网捕获。在投放仔蟹前，有条件的地方可将稻田中的水排干，用新水冲洗1~2遍后注入新水、放苗，水深保持在10cm。仔蟹放养密度控制在五期仔蟹1.5万~2.0万只/亩。

仔蟹放养后进入蟹种培育阶段，从夏季天气多变阶段到秋季收获前夕，都是河蟹逃逸多发期，应加强管理，勤巡查，坚持每天早、中、晚巡田，主要观察防逃布和进排水口的拦网有无损坏，田埂有无漏水，特别是大风或者暴雨天气，易发生河蟹防逃墙遭到损坏，应特别注意。平时对河蟹活动、摄食（残饵情况）、生长（有无蜕壳）、水质变化、有无病情、敌害等情况做出细致观察，发现问题及时处理，并做好记录。

起捕：稻田培育的蟹种一般在水稻收割前后进行捕捞。具体捕捞的方法有：一是利用河蟹晚上沿边上岸的习性，在池边挖坑放盆或桶；二是利用河蟹顶水的习性、采用流水法捕捞，即向稻田中灌水，边灌边排，在进水口装倒须网，在出水口设置袖网捕捞；三是放水捕蟹。即将田水放干，使扣蟹集聚到蟹沟中，然后用抄网捕捞，反复排灌2~3次，水稻收割后，可在稻田中投放草帘等遮蔽物，每天清晨掀开，捕捉藏匿于其中的蟹种。采用多种捕捞方法相结合，直至起捕结束。

冰下越冬：起捕后的蟹种可直接销售或放入越冬池中越冬。越冬有冰下池塘越冬和非封冰池塘越冬等方式，辽宁等北方稻田养殖成的蟹种一般采用冰下池塘越冬。

越冬池塘面积一般为5~15亩，水深保持在1.8~3m，要求池塘不渗漏，有补充水源，最好是连片池塘。越冬前清除池底淤泥，用生石灰消毒，用量为200kg/亩。然后进水，一次进足水量达到越冬水位，然后用有效氯在28%以上的漂白粉消毒（80~100g/m³）。一般在7~10天后余氯即可消失，或者监测水中余氯在0.3mg/L以下时就可以使用了。越冬密度控制在750~1000kg/亩以内，蟹种投入越冬池的时机以水温降到8℃以下时为好，在投入越冬池前，蟹种要经过5g/m³浓度的高锰酸钾溶液浸泡3min后捞出放入池中。越冬管理工作有监测溶解氧，以5~10mg/L浓度为正常值，低于此范围则检查水中浮游生物种类和数量，用潜水泵套滤袋的方式抽滤水中的浮游动物如枝角类和桡足类等，用挂袋施肥的方法增殖池水中的浮游植物。如果溶解氧低于此范围，则用凿冰扬水、控制冰面上雪层厚度和覆盖面比例的方法调整冰下光照以抑制浮游植物生长。结冰前后要注意观查，采取措施以防止冰大面积覆盖。冰层能够承载人和扫雪机械后，可以在冰面上及时清除积雪，调整冰下光照强度。同时在冰面上凿开冰眼，观察水色、取样观察、以及测量不同深度的温度变化和溶解氧浓度，以便及时采取措施。春季融冰前后要注意池塘表面和底层的溶解氧变化及分层，避免局部缺氧事故的发生。

（4）稻田成蟹养殖。

1）蟹种。蟹种应来源于苗种检疫合格、信誉好的蟹苗生产厂家。选择活力强、肢体完整、规格为100~200只/kg，规格整齐、不携带病原体，脱水时间短的蟹种。蟹种运输必须掌握低温（5~10℃）、通气、潮湿和防止蟹种活动4个技术关键。在北方，近距离运输直接用专用网袋运输，远距离的吊养后用泡沫箱、加冰运输。扣蟹运输以气温为5~10℃时运输为宜，并要保持通气、潮湿的环

境，24小时内运输成活率可达95%以上；而在南方，将蟹种放入浸湿的蒲包内，蟹背向上，一般每蒲包装蟹种15kg左右，然后扎紧，放入大小相同的竹筐内运输。

经长途运输回来的蟹种，应先在水中浸泡3min，提出水面10min，如此反复几次再投入水中。蟹种放养时用高锰酸钾（20g/m³）浸浴5~8min或用3%~5%的食盐水浸浴5~10min。

2) 蟹种暂养和管理。4月20日以前，将蟹种放入暂养池暂养，一般暂养2个月左右也就是在水稻分蘖后将暂养后的蟹转入稻田中养殖。暂养池面积应占养蟹稻田总面积的10%，在放蟹种前7~10天用生石灰消毒，用量为75kg/亩（水深10cm）。暂养密度一般每亩不超过5000只。

暂养期管理：做到早投饵，坚持"四定"原则，投饵量占河蟹总重量的3%~5%，主要采用观察投喂的方法，同时注意观察天气、水温、水质状况、饵料品种。饵料品种一般以粗蛋白含量在30%的全价配合饲料为主。水质管理，7~10天换水一次，换水后用生石灰（20g/m³）或用二溴海因（0.1g/m³）消毒水体，消毒后一周用生物制剂调节水质，预防病害。

3) 蟹种放养。在水稻秧苗缓青后，将蟹种放入养殖田，蟹种放养密度以300~400只/亩为宜，一种方法是将暂养池与稻田打通，让蟹自由爬入稻田。现在主要是用地笼网起捕的方法，陆续将体质健壮的蟹种起捕出来投入稻田，这样既可精准计数，又可进行规格分选。

4) 饲养管理。

水质调节：养蟹稻田内水深最好保持在20cm，最低不低于10cm。有换水条件的，每7~10天换水一次，并消毒调节水质；换水条件不好的，可以每15~20天消毒调节水质一次。7、8月高温季节时，水温较高，水质变化大，易发病，要经常测定水的pH值、溶解氧、氨氮等，保证常换水、常加水、及时调节水质。

饵料投喂：配合饵料、动物性饵料、植物性饵料符合GB 13078和NY 5072的规定。坚持"四定"投饵。投喂点设在田边浅水处，

多点投喂，日投饵量占河蟹总重量的5%~10%，主要采用观察投喂的方法，注意观察天气、水温、水质状况和河蟹摄食情况来灵活掌握投饵量。

养殖前期一般以投喂粗蛋白含量在30%以上的全价配合饲料为主，搭配投喂玉米、黄豆、豆粕等植物性饵料；养殖中期以玉米、黄豆、豆粕、水草等植物性饵料为主，搭配全价颗粒饲料，适当补充动物性饵料，做到荤素搭配、粗精结合；养殖后期转入育肥的快速增重期，要多投喂动物性饲料和优质颗粒饲料，动物性饲料比例至少占50%，同时搭配投喂高粱、玉米等谷物。

日常巡检：日常管理要做到勤观察、勤巡逻。每天都要观察河蟹的活动情况，特别是高温闷热和阴雨天气，更要注意水质变化情况、河蟹摄食情况、有无死蟹、堤坝有无漏洞、防逃设施有无破损等，发现问题，及时处理。

成蟹起捕：北方地区养殖的成蟹在9月中旬即可陆续起捕。稻田养成蟹的起捕主要是以在稻田拐角处布设陷阱的方式，并结合夜间沿塑料围格巡边手捉的方式。河蟹性成熟后，起捕相对容易，此时即可根据市场的需要有选择地捕捉出售，也可集中到网箱和池塘中暂养。捕蟹可一直延续到水稻收割，收割后每天捕捉田中和环沟中剩余的河蟹，直至起捕结束。

二、海水蟹类

我国北方地区海水养殖的蟹类主要为三疣梭子蟹，其食性广，生长快，适宜盐度范围广，在黄、渤海均有分布。目前，三疣梭子蟹室内工厂化育苗技术已趋于成熟，且已建立起了低成本的土池生态育苗技术，苗种相对易获得，在我国浙江、江苏、山东、河北等沿海省区养殖较多。因为辽宁省自然气候原因，养殖梭子蟹与海捕梭子蟹集中在9、10月上市，加之近年来的增殖放流，自然资源有一定数量，市场价格较低，影响了养殖者的养蟹积极性。因此，辽宁省养殖三疣梭子蟹的较少，在一些产地地区有业者收购捕捞野生蟹，再集中暂养育肥，错开上市高峰进行销售。利用隔离式单养系统养殖三疣梭子蟹等种类，能够有效地避免它们严重的相残行为，可以专一养殖价值较高的雌蟹，同时还可以生产软壳蟹，这一模式已成功用于青蟹"软壳蟹"的养殖生产。另外，随着拟穴青蟹规模化育苗技术的突破，北方沿海及内陆盐碱地水域也已开始试养，并获得初步成功，将为北方蟹类养殖增加新的增长点。

大连海洋大学虾蟹增养殖创新团队研究了当地另一种海水蟹类——日本蟳的繁育与养殖技术。日本蟳属梭子蟹科，蟳属，俗称"赤甲红"，是一种大型海产食用蟹类。其适应能力强，耐低温，耐干露，食性广，在北方地区具有良好的增养殖潜力。日本蟳在辽宁省以暂养育肥为主，尚未开展人工养殖。日本蟳具有体色分化现象，即一种头胸甲及附肢为暗红色，俗称"赤甲红"；另一种头胸甲及螯肢背部呈灰绿色，整个腹面为白色，俗称"花盖"。"赤甲红"个体大，螯肢粗壮，甲壳较厚。这两种体色的蟹为虾蟹类体色形成机理及人工育种提供了良好的材料，应在日后加以深入研究。

第三节 观赏虾蟹类养殖技术

水族业的发展引发了人们对观赏虾蟹类养殖的热情，但其中大部分种类仍然要依赖于人工采捕野生资源，东南亚为主的印度太平洋海域及红海和加勒比海等海区为主要捕获地。随着国际社会对珊瑚礁区域保护的关注，非法捕捞其中的观赏水生动物已遭到严令禁止。海洋馆委员会针对海洋生物捕捞、运输、销售等过程制定了相应的认证程序和标识，确保对自然资源的保护与合理利用。与此同时，科研工作者和水族爱好者也着手于观赏虾蟹繁殖生物学及养殖技术的研究，在新种类的人工繁殖方面不断取得突破。综合现有研究进展，本部分内容将介绍部分典型种类的生物学特点及相关技术的原理与操作。

一、亲体培育

1. 设施与装置

观赏种类的亲体通常要雌、雄个体搭配，培育在单独的水族箱中，同时需要优化各种培育条件，促进其性腺发育成熟。确保培育系统中的水质良好是关键的技术环节，这通常需要通过高效的物理、化学及生物处理减少水中的污染物，使水质尽可能长时间地保持稳定。早期，对于一些邻近海边的养殖场，直接泵取海水进入培育系统，交换后的水便直接排放入大海，如此最多只需增加简单的水源净化与消毒处理即可改善系统的水质。然而，随着近海污染，水质不稳定，这种做法无疑是雪上加霜。另外，沿海土地成本的飙升，严格的环保法规，能直接在近海取水并排放的养殖场已逐渐减少。人工海水的应用及循环水技术的日趋成熟为海洋观赏虾蟹养殖由近海转向内陆提供了条件，为这一产业开拓了更广泛的发展空间。相比养殖食用种类，观赏虾蟹个体较小，养殖密度也相对要低，因此更适合采用循环水系统培育。通用的养殖系统由亲体培育箱、水泵、过滤网袋、活性炭、离子交换树脂、生物滤池、控温系统、蛋白分离器、钙水混合器、硝酸氮反应器、紫外线消毒器、臭氧发生器等设施与装置组成。

培育用水族箱通常为透明材料（玻璃、塑料、亚克力等），以利于实时观察亲体运动、摄食、打斗、抱卵等行为动态，以及水质的变化。物理过滤装置需要定期清洁，保持运转顺畅，否则有机碎屑积累会导致水质恶化。化学过滤装置则需要定期更换滤料，因为很多树脂类滤料在饱和后有可能会释放所吸附的物质，这个过程最好能结合水质指标的监测，做到及时发现、及时更换。对于活性炭等滤料的使用，需要注意其吸附能力的非特异性，它不仅能够去除水中的有害物质，同时也能够吸附锶、碘等微量元素，造成水中相应元素的减少或缺失。生物过滤器的主要作用是去除水中的氨氮和亚硝酸盐，使其含量尽可能地接近零，这也是整个水处理系统的核心

内容。大量研究表明，曝气流动生物滤床能够有效促进水体的硝化作用，但其中的反硝化作用往往较弱或缺失，导致水体中硝酸盐的积累。实际应用时，需要通过换水或应用大型藻类吸收去除系统中积累的硝酸盐。此外，增加砂滤床也是促进系统反硝化作用，减少硝酸盐积累的有效方法。多孔的珊瑚石，也被称为"活石"，是非常好的滤料，其相对表面积大，有利于细菌、藻类及一些无脊椎动物的附着。"活石"的表面与水和氧气充分接触，促进了硝化作用；而随着水流缓慢地进入其内部，厌氧环境则有利于反硝化细菌的作用。钙水混合器能够将饱和氢氧化钙溶液融入净化处理的水中，以补充蒸发的水份，并减少盐度的波动变化，其通常与渗透压调节器配合使用。氢氧化钙在水中能迅速分解为 Ca^{2+} 和 OH^-，前者是甲壳动物蜕壳所需的重要离子，后者则在稳定 pH、加强水体缓冲能力等方面起到重要作用。

紫外线灯是广泛应用于循环水处理的消毒装置，通常选择低压、波长为 254nm 的灯管，其功率通常以 mW/cm^2 表示，照射剂量则以 $mW-s/cm^2$ 表示。紫外线消毒效果与目标微生物种类、照射强度与时间、水体浊度等因素相关。整套系统灯管数量的匹配一般以 12 个月照射强度平均衰减 40% 为参考，使用过程中定期清洁灯管外的石英套筒有助于保证效果的稳定。臭氧也是非常高效的消毒物质，其通常由臭氧发生器产生，经蛋白分离器或其他方式通入水体，消毒效果与通入量、作用时间有关。但臭氧的强氧化能力会促进产生毒性很强的氧化产物，在缺乏有效清除装置时，它们可能会对饲养的亲体造成伤害。光照也是亲体培育过程中需要重点考虑的因素，尤其对于一些与虾蟹类共生的无脊椎动物，其常与对光照要求高的共生虫黄藻相关联。金属卤素灯是海水水族箱中常用的照明装置，能够为各类软、硬珊瑚、砗磲、海葵等附着虫黄藻的生物提供足够的光照。

长期以来，观赏虾蟹类多饲养于水草或珊瑚展示缸内，饲养者多将雌、雄个体进行搭配，待其成熟、交配后，将抱卵个体单独饲养于一个网箱中，再放回原缸，或转入另一专门的水族箱至幼体孵化，之后再捞出亲体放回原缸中，雌、雄混养。如此做法需要实时掌握胚胎发育时期，以防错过收集孵出的幼体，但在已造好景观的展缸内捕捞这些小型虾蟹是非常费时的操作。而过早捞出抱卵亲体可能会造成其在新环境中的应激反应，严重时导致弃卵。人工饲养条件下，多数亲体会摄食刚孵出的幼体，孵化后如何立即收集幼体一直没有合适的解决办法。另外，有些种类执行严格的"一夫一妻"制度，长时间的分离会导致"婚配"关系的破裂，再放到一起时会引发打斗行为。还有些种类在幼体孵出后的短时间内进行蜕壳，而此时如果没有雄性与之交配，就会错过继续繁殖的时机。

研究者根据上述限制观赏虾蟹人工繁育的问题提出了不同解决方案，包括优化的循环水培育系统（图2-3）、胚胎离体孵化装置等设施与装备（图2-4）。改进后的幼体培育系统为流水设计，采用筛网将培养箱隔成两部分，并在一边设置诱集幼体用的自动照明装置，幼体孵化后在水流与光照的作用下很快与亲体分开、分布于水箱的不同区域。

针对日本米虾抱卵亲体在胚胎临近孵化时出现的弃卵现象，有研究人员设计、制作了胚胎离体孵化装置（图2-4），并对不同发育时期胚胎的离体孵化效果进行了研究。结果表明，各期离体胚胎均能孵化出幼体，膜内溞状幼体期的胚胎孵化率最高，为$(80.70 \pm 2.4)\%$，非离体孵化的对照组为$(79.14 \pm 4.9)\%$，两者差异不显著。而处于卵裂期的离体胚胎孵化率最低，为$(28.23 \pm 2.6)\%$，与对照组差异显著。各组离体胚胎所孵化出的Ⅰ期溞状幼体（Z1）到Ⅱ期溞状幼体（Z2）的变态率无显著差异，显示离体孵化幼体的质量与自然孵化幼体相近。在此基础上，对装置进行了改进，用于发育初期受精卵的离体孵化，效果有了明显提高，为观赏虾蟹的人工孵化提供了新的途径。

2. 促熟与营养

温度、光照、盐度等环境因子的突然波动，营养的缺乏或失衡均会影响虾蟹类性腺的发育成熟。虽然雄性与雌性性腺发育对繁育

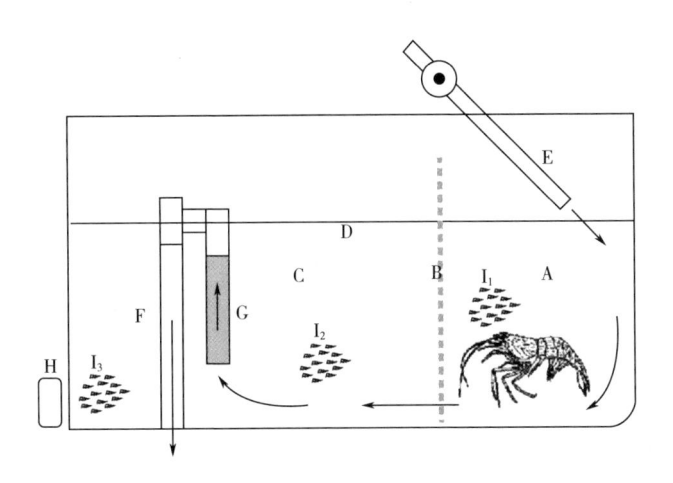

图 2-3 观赏虾蟹循环水繁育系统（Calodo，2008）

A—亲虾培育区　B—可移动隔离筛网（防止亲虾进入幼体收集区）
C—幼体收集区　D—水位线　E—入水口　F—出水立管能够调节水位
（顶部"T"形的PVC管为溢流装置，在筛网G堵塞时，水可由此溢出）
G—筛网（孔径500μm时能够防止幼体排出；150μm时防止卤虫幼体排出）
H—光源（优选光化光）　I_1—初孵幼体　I_2—随水流进入收集区的幼体
I_3—灯光诱集待收集的幼体　黑色箭头—水流方向

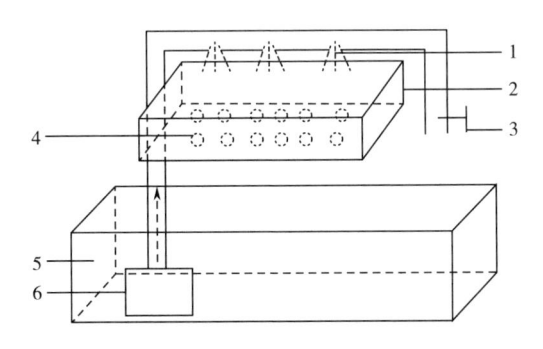

图 2-4 虾蟹类胚胎离体孵化装置（仿曹林泉等，2019）

1—滴水孔　2—孵化槽　3—调节阀　4—离体胚胎　5—水族缸　6—水泵

后代具有同样重要的作用,但有关研究仍然多集中于雌性方面。十足目动物的卵黄生成通常分为初级和次级2个时期,初级卵黄生成为一连续过程,不受季节影响;而次级卵黄生成只发生在繁殖期,此时卵母细胞才会吸收卵黄蛋白原(一种糖脂磷类胡萝卜素蛋白,仅存在于雌性)进入发育过程。次级卵黄生成受到性腺抑制激素和促性腺激素的调控,前者由位于眼柄的X-器官窦腺复合体分泌,后者由脑和胸神经节产生。眼柄摘除能够显著加速卵巢的发育,这一技术已广泛应用于对虾类的人工繁育。雌体的营养水平是眼柄摘除技术成功的关键,摘除眼柄的个体很难再建立起性腺发育所需的营养储备。另外,手术后的雌体所产后代的质量通常会降低,这一操作往往也会对亲体造成损伤,甚至死亡。眼柄摘除术也有应用于观赏虾繁殖的尝试,但与大型食用种类相比,其对小型虾蟹的损伤更大,一般不建议采用。对于大部分有繁殖季节的种类,如摩纳哥鞭腕虾等只在水温升高的春、夏季产卵,只需要将水族箱中的水温长期保持在26℃,加之良好的水质和充足的营养,它们就会顺利产卵。水质欠佳的情况下,雌体也可能产卵,但往往产卵量较少,有时会蜕去附有卵的旧壳。这种情况下,即使幼体能孵出,也常呈现卷缩状态,容易沉底,最终死亡。水质不好时,初孵幼体的触角多褶皱,这一现象也可以作为评价水质的指标。

选择高质量的亲体是繁育成功的前提,而它们应来自合法途径,这是产业可持续发展的保障。在放入水族箱之前,亲体要经过检疫和消毒。健康的亲体应附肢健全,无黑鳃,身体两侧无肿块。虾蟹身体肿起的部位往往是等足类寄生虫感染的标志,它们会影响亲体性腺发育,导致生殖机能下降或丧失。

众所周知,促熟期间的营养供给对亲体配子发育和幼体质量至关重要。有关十足目种类营养学的研究多集中于对虾、罗氏沼虾、中华绒螯蟹等经济价值较高的大型食用种类,观赏虾蟹类则少有报道。尽管有关对虾、螯虾、龙虾及蟹类的研究数据可以为观赏种类提供参考,但在实际应用时,需要考虑不同物种间的差异,对于海

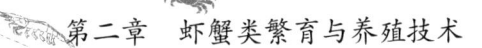

水、淡水等不同栖息环境生活的种类应加以区别。

对野生群体繁殖力和摄食习性的研究较少，限制了观赏虾蟹亲体营养需求的确定。如果能清楚地记录野生个体的大小、抱卵量、胚胎发育进程等指标，再与养殖个体进行比较，就有可能鉴定出一些在亲体繁殖时起重要作用的食物，这对于人工饲料的研发具有指导意义。但是由于十足目种类具有强健的口器和磨胃，使其体内食物碎片很难被准确辨别。另外，通过分析胚胎的生化组成，结合对比亲体不同组织在性腺不同发育时期的生化组成变化，也可以为确定该种类亲体繁殖期的营养需求提供参考。

目前，观赏虾蟹促熟所使用的饵料仍然以冰鲜或冷冻饵料为主，包括强化或普通的卤虫无节幼体与成虫、贝类、磷虾、头足类、多毛类、虾蟹类，以及商品化的混合饵料。甲壳类动物组织通常为观赏虾蟹促熟不可缺少的饵料，其成分与野生个体在天然水域摄食大量甲壳动物获取的营养物质相近，也被认为含有性腺发育所需的激素类物质。现阶段，冷冻或鲜活的生物饵料在观赏虾蟹养殖中仍占据着不可替代的位置，但是生物安全性较差，容易传染疾病，污染水体等缺点也限制了其在未来的大量使用。促性腺发育等功能性人工配合饲料备受水族从业者的关注，然而成熟的商品化饲料还没有开始广泛应用，仅在观赏种类营养研究中有过报道。

二、幼体培育

海洋无脊椎动物幼体的人工培育一直都是具有挑战性的工作，不仅需要良好的硬件设备支撑，同时还需要建立起高效、稳定的操作流程。十足目虾蟹类因为幼体分期较多，各时期幼体的习性各有不同，其培育工作难度相对更大。研究人员早期参考对虾的幼体培育模式与技术标准进行海洋观赏虾类的幼体培育，包括龙虾和螯虾类。但后来发现，大部分观赏虾类的幼体与棘龙虾的叶状幼体具有脆弱、易受损的长附肢，较长的幼体期，以及因不良水质导致幼体发育推迟和易受微生物感染等问题，这就需要对已有的培育模式和

相应的操作流程进行优化。海洋观赏虾的幼体培育可采用静水培育模式，但一般是在幼体数量少（少于 100 尾）或者培育水体较小（20~20000mL）时才选择这一方法，其多应用于幼体生物学、生态学或营养学等实验研究。静水培育操作的缺点是很难长期保证水质，而换水费时、费力。幼体平时会在培育容器底部聚集，增加了幼体间接触的机会，容易造成其附肢受伤，堆积的残饵、粪便、蜕皮及死亡幼体会进一步增加幼体感染病原菌的风险。

早期近海边的一些养殖场采用直流水模式培养虾蟹类幼体，这样虽然能最大限度地减少培育水体中污物的累积，保证水质，但受地域限制，少有厂家有此条件。养殖污水直接排放势必造成环境污染，近些年已被严令禁止。另外，随着近海污染的加剧，水源水质很不稳定。水中动、植物种群数量有时会随季节变化而爆发性增长，如水螅类生物会给幼体培育带来毁灭性的后果，此时则需要花费较高的成本对源水进行处理（砂滤、臭氧和紫外线）。因此，远离海边的地区很早就开始着手研究循环水培育模式，应用于观赏虾蟹类苗种的培育。对于一些海水种类，多采用反渗透处理纯水添加人工海盐配制海水，如此很大程度地防止了水源污染，能有效控制病害的发生。如能保证配制用盐和源水的质量，其幼体培育效果有时甚至能超过天然海水。

1. 培育装置

虾蟹类幼体培育对容器（水族箱、水槽、水池）的大小、形状和其中的水流动力要求较高，要利于幼体和饵料的悬浮，方便排污、清洗、幼体收集等日常管理操作。其建造和运行成本也需要认真计划，一些构造复杂的培育系统，由于造价过于昂贵，很难投入商业化生产。最早用于龙虾和观赏虾的培育系统，其设计参考了"克莱塞浮游生物培育器"，有效解决了因水流不合适造成的幼体损伤、聚集与饵料沉积等问题。但是它不易清洁，在用于培育龙虾、海洋观赏虾等幼体期较长的种类时，非常费时费力。后来，针对龙虾幼体培育特点研发的四联体系统，其每个单元由 4 个水槽经管道联通，

通过调节阀门控制水流可以把幼体从一个培育槽转移至另一个培育槽中。通常情况下，其中3个水槽用于培育幼体，1个留至清理污物时转移虾苗。这一设计减小了日常清理工作的难度，通过阀门控制各水槽中的水流，并能够用更换不同孔径筛网的方式来配合投饵，防止饵料被水流带走。在此基础上，又有研究者对培育水槽的形状进行了改进，设计出了圆形平底的培育槽、半球形培育槽、圆形凹底等多种类型产品。在幼体培育期间，将一些塑料纤维材料的人工水草挂在培育槽水层的上方能够为幼体提供遮蔽物，同时也为有益微生物的定殖提供了充足的表面积。后期幼体往往牢牢附于这些人工水草上，很容易将其转移出去，减少了因排水操作对其造成的损伤。观赏虾和龙虾幼体的培育还有所不同，主要是因为这些小型虾类抱卵量较少，而亲体数目又往往较少，其抱卵个体很难实现大量同步孵化。一般情况下，只能将发育期相差3天以内的幼体放在同一水槽中培养，否则将会出现严重的相残行为。另外，大型的水槽很难彻底清除诸如水螅等敌害生物，其对幼体的捕食量相当惊人，常会导致培育工作"颗粒无收"。因此，用于观赏虾培育的水槽不宜过大，现行使用的培育水槽体积多在10~50L。

以此为基础，一种新的培育装置又应运而生，其设计如图2-5所示，圆柱形球底的培育槽中有两个圆柱形的培育网箱，一个孔径为500μm，另一个孔径为150μm。在投喂饵料或清理网箱时，可以通过PVC接头将2个网箱连接，将幼体移至其中之一。值得注意的是，水槽底部的形状会影响水流的方向和作用力，进而会影响幼体的运动与生长。图2-6显示了底部形状不同的两个培育水槽内水流方向的差异，后期幼体会聚集在锥形底水槽底部，而进水水流的冲击力会对其形成伤害。

另外，水槽的颜色也被认为是影响虾蟹幼体活动和存活的因素之一。研究发现，使用暗色（黑、蓝、绿等）的水槽能够提高幼体的成活率，其发育更快，更同步。分析原因可能是黑暗环境下饵料生物与幼体分布更均匀，利于幼体捕食。也有学者指出，不同的背

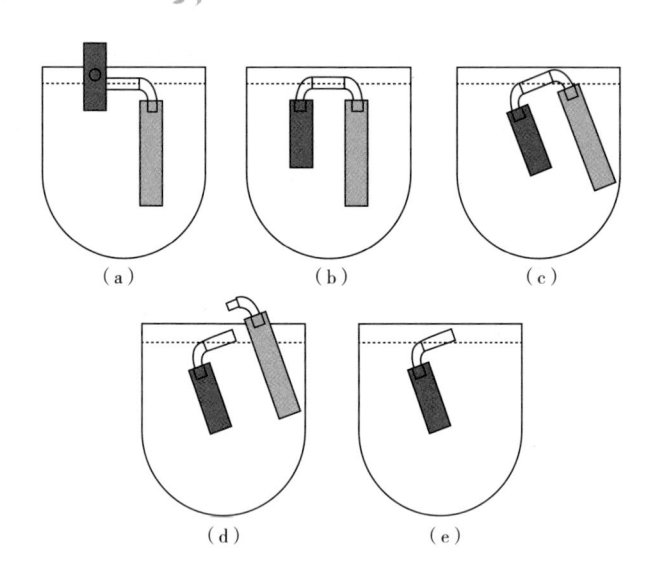

图 2-5 观赏虾幼体培育装置及操作（Calodo，2008）

（a）圆柱形球底的培育槽中放置孔径 500μm（黑色表示）和 150μm（灰色表示）的两个圆柱形培育网箱　（b）~（e）—通过 PVC 接头将 2 个网箱连接，将幼体移的操作过程

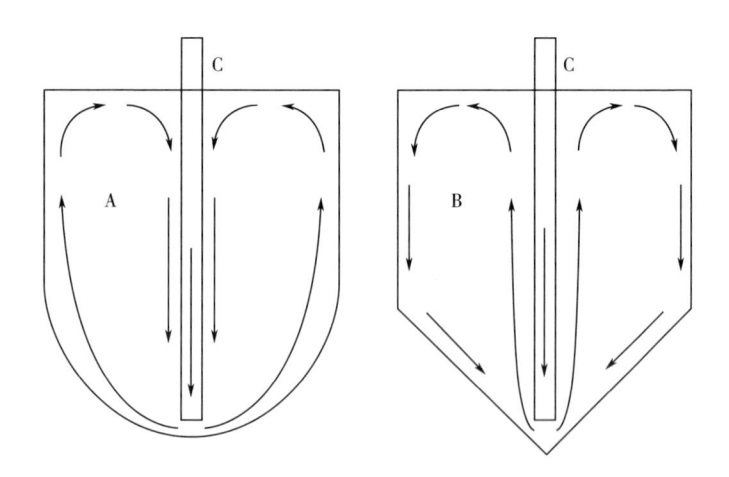

图 2-6 两种幼体培育槽内水流方向的比较（Calodo，2008）

A—球形底培育槽　B—锥形底培育槽　C—中间进入管

景颜色可能对不同物种有一定的特异性影响，某些颜色可能会使培育幼体慢性应激。在他们的研究中，白色背景下培育的罗氏沼虾幼体的水平运动速度和距离比暗背景中的幼体增加了3倍。幼体在较浅色的容器中受到的应激可能导致摄食率下降，由于能量消耗的增加，从而导致幼体存活率降低。目前很多研究尚无定论，但观赏虾蟹幼体培育过程中仍然需要考虑幼体趋光性和捕食策略的变化，以建立适合不同发育阶段的技术流程。

幼体培育槽应在使用前或使用后清洗、消毒和干燥。观赏虾所用的小型化培育水槽在使用后可以按以下步骤操作：①水槽装满淡水；②加入次氯酸钙（至有效氯浓度为200mg/L），将所有用过且能防水的器皿、设备一同浸入水槽中，过夜；③取出前述物件，并用清水冲洗干净；④排出水槽中的水（为保护环境，排水前应先进行脱氯处理），冲洗干净，确保无余氯；⑤使水槽完全干燥，倒置于干燥、洁净之处，待下次使用。

2. 幼体选优和管理

（1）幼体选优。

虾蟹类幼体培育能否顺利成功与幼体质量紧密相关。亲体自身质量及其培育期间的管理水平会造成其所产幼体质量参差不齐。通过简单的外部形态检查（体色、形体、附着物等），配合对运动能力（姿态、趋光性等）以及耐受环境变化（盐度、温度、pH、福尔马林、氨氮等）的能力，基本能够对幼体质量进行辨别。食用虾蟹类幼体培育过程中会利用幼体的趋光习性进行选优操作，通常将幼体以一定密度集中于一个容器中，容器为不透明材料、敞口，配备充气或流水装置，在其上方设置照明装置（或自然光）。幼体进入容器后，关闭充气或水流，静置一段时间后将上层个体移出。如此将运动能力强、趋光迅速的优良幼体分离出来，进入后续培育流程。观赏虾蟹幼体也可参考上述方法对幼体质量进行评判和选优操作。

食用虾蟹类幼体在进入培育池前需要经过消毒处理，虾类幼体

的消毒一般有以下步骤：①以海水冲洗无节幼体1~2min；②将幼体浸入400μL/L的福尔马林溶液中30~60s；③再浸入碘液（0.1μL/L有效碘）中1min；④于洁净海水中漂洗3~5min后，将幼体按预定密度投入经消毒的培育池。而中华绒螯蟹等抱卵种类的消毒则往往是在幼体孵化前1天，将抱卵亲体按预定密度装入网笼中，置于配好的福尔马林或碘制剂的水中浸泡一段时间。然后移出网笼，冲洗干净，以一定数量放置于培育池中，待幼体孵化。研究者将新孵化的龙虾叶状体幼体置于福尔马林浓度为25μL/L的海水中30min，并选留水体上层正常游动的幼体进行培育。目前，有关观赏虾蟹幼体消毒处理技术的研究报道较少，在参考上述食用种类操作时需要考虑物种间的差异，有条件者需要进行实验。紫外线和臭氧应用于亲体和幼体的消毒也应是未来重点研究的内容，有希望取代化学药剂，成为更为安全、高效的消毒技术。鉴于幼体质量对整个培育过程的重要性，建议养殖管理者建立科学合理的消毒程序，降低微生物污染的风险。

海洋观赏虾幼体培育的密度通常低于50ind./L，其主要原因是多数种类后期幼体体型较大，如鞭腕虾、猬虾等，密度过大会出现很严重的相残行为。高密度培育时，经常可以见到溞状幼体缺少一侧复眼，严重时两侧复眼均缺失的现象。另外，普通过滤系统也很难承载过高的培育密度。随着幼体的生长，摄食量显著增加，而不完善的游泳能力很难让其实现真正的主动捕食，多数时间它们仍然为"偶遇型摄食"。此时，只有通过增加投喂量来维持幼体的摄食，这就容易造成培育槽滤网的堵塞。研究发现，摩纳哥鞭腕虾幼体的培育密度为40ind./L时，其中部分个体要比20ind./L和10ind./L组中的多蜕1次壳，显示出饵料不足的影响。此时不断补充饵料并维持一定密度虽是有效的解决方法，但如此增加了清洁滤网的劳动强度，时间一久也会对水质产生影响。

（2）饵料与投喂。

高质量的幼体仅是培育过程成功的必要前提之一，幼体最终的

成活率还取决于饵料、水质及日常管理等环节。有人错误地认为观赏虾幼体孵化后不需要立即投喂饵料，其体内存储的营养物质能够维持至下一发育阶段。虽然自然条件下十足目幼体由于食物缺乏也会处于饥饿状态，但长时间的饥饿不利于幼体发育，甚至导致幼体死亡。不同种类对饥饿的耐受能力也有差异，如模里西斯鞭腕虾和白须条斑鞭腕虾较其他鞭腕虾属种类更易受到饥饿的影响。即使对于某些具有兼性内源营养特性的种类，其幼体孵化初期的饥饿也会影响之后的生长发育。

自然界中，十足目虾蟹类幼体能获取各类食物，包括溶解有机质、超微型浮游生物（小于 2μm）、微型浮游生物（2~20μm）、有机碎屑、排泄物颗粒、浮游植物（20~200μm）、小型浮游动物（20~200μm）、中型浮游动物（200~2000μm）和大型浮游动物（大于 2000μm）。这些食物种类众多、营养多样，能够为虾蟹类各时期幼体提供适合的摄食选择。各时期幼体面对如此多样化的食物，促进了其选择性摄食机制的进化。它们在前期通常选择摄食小型的食物颗粒，而后期则偏向摄食较大的食物颗粒。真虾类和猬虾类幼体多为肉食性，但与其他的十足类虾蟹幼体相似，至少在幼体早期阶段，它们仍需要摄食一些浮游植物、原生动物以及生物碎屑以满足生长发育的营养需求（图 2-7）。一些真虾类，如鞭腕虾，在幼体后期阶段要摄食一些大型浮游动物或者其他较大的饵料（切碎的鱿鱼、虾和贻贝）。

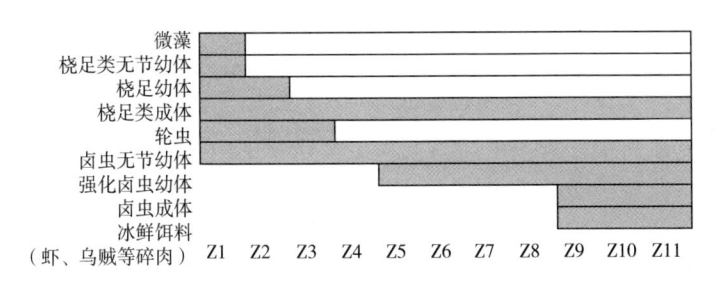

图 2-7　不同饵料在观赏虾溞状幼体（11 期）的投喂计划（Calodo, 2008）

虾蟹类成体的食性和饵料组成可以通过分析胃肠内含物的方法来鉴定。近年来，也有学者采用稳定性碳同位素和免疫生物学等新技术进行食谱分析的研究报道。然而，对各时期幼体的食性分析仍然缺少标准的方法。研究表明，动物体内各种消化酶的活力通常与其摄食食物的生化组成，以及自身消化与吸收特征相关，分析这些酶的活力变化规律能够为食性分析提供参考依据。有学者尝试建立虾蟹类各时期幼体消化酶活力与摄食饵料之间的关系，以作为其食性指标指导培育期间投饵方案的制定。采用淀粉酶/蛋白酶活力（A/P）比值或淀粉酶/类胰蛋白酶（A/T）比值作为食性指标，比值高为植物食性或偏植物食性，比值低则为肉食性或偏肉食性。肉食性种类如美洲螯龙虾的 A/P 值明显较低，这与其食性相符。锯额长臂虾食性由浮游植物转为浮游动物时，蛋白酶活力明显上升。但也有研究表明，某些种类幼体的 A/P 值在发育过程中波动较大，如何应用这一指标尚需进一步验证。

目前，有关虾蟹类幼体摄食的研究仍然以食用种类为主，对于一些养殖种类的幼体培育已有详细的投喂方案。但受到技术手段的限制，如何还原这些幼体在野外条件下的最佳食谱仍然有很多的工作需要进行。少数关于真虾类幼体摄食天然浮游动物的研究表明，其各期幼体均表现出明显的摄食偏好，摄食率也随发育时期的进阶而呈指数增长。采用脂指纹标记技术能够对比获得虾蟹幼体和天然饵料间某些标志性脂类的特征，进而确定其摄食关系。这一技术已成功应用于野生棘龙虾各时期叶状幼体的食物组成分析，鉴定了大量的饵料生物，为该种类幼体的摄食特性研究提供了有价值的数据。另外，DNA 指纹技术的发展也为虾蟹幼体的饵料组成分析提供了新的手段，其具体的应用潜力则有待更多的验证。海水观赏虾蟹类幼体的食谱分析可以参考上述方法，关于海水观赏虾类各时期幼体的常用饵料及其培育效果见表 2-1。

表 2-1　不同饵料对海水观赏虾幼体发育时间的影响

科	种	变态发育时间/天	幼体饵料	实验备注
猬虾科	多刺猬虾	120	微藻、轮虫、初孵卤虫无节幼体	
	蓝美人虾	43	初孵卤虫无节幼体	幼体来自野生个体的离体胚胎
长臂虾科	岩虾属	28	初孵出卤虫无节幼体和幼虫	与海葵饲养,可能摄食其分泌物
		29	初孵出卤虫无节幼体和幼虫	与活海葵饲养,可能摄食其分泌物
膜角虾科	油彩膜角虾	35	微藻、轮虫、初孵卤虫无节幼体、碎蟹肉、碎蛤肉、小型浮游动物（<275μm）	研究者对多种饵料进行测试后,认为仅投喂卤虫无节幼体即可顺利完成膜角虾幼体培育
		28	微藻、轮虫、桡足类、初孵卤虫无节幼体	研究者认为投喂桡足类能够显著提高膜角虾幼体的成活率
藻虾科	白须条斑鞭腕虾	58	微藻、轮虫、初孵卤虫无节幼体	无
	锯齿鞭腕虾	75	轮虫、初孵卤虫无节幼体、熟虾肉	研究者强调了熟虾肉在溞状幼体后期中具有一定作用
	拉氏鞭腕虾	19	轮虫、初孵卤虫无节幼	
	地中海鞭腕虾	19	初孵卤虫无节幼	
	白斑拖虾	46	海胆囊胚期胚胎、轮虫、初孵卤虫无节幼	研究者认为该虾幼体培育时,海葵分泌物不是必需的

(3) 水质调控。

循环水幼体培育系统中水质调控的主要问题依旧是如何处理水体中较高浓度的氨氮，其含量超标时能够严重影响幼体的变态、蜕皮和生长等生理过程。前面章节中已有关于其危害及处理方法的介绍。除了保证培育系统中生物过滤部分正常工作外，定期换水也是维持良好水质的常用方法，其原理可简单归纳为"稀释即可解决污染物"。这种方法尽管很有效，但换水量过大往往会导致温度、盐度和pH等水质指标的突变，对幼体造成应激。幼体从孵化到转为底栖生活期间会阶段性蜕壳，因此培育过程中应密切关注水中Ca^{2+}浓度和pH。蜕壳前期，幼体会从即将弃去的旧壳中回收一部分Ca^{2+}，但大部分Ca^{2+}仍然随着旧壳的蜕去而流失。新壳矿化所需的Ca^{2+}主要来自外部环境和内部存储，甲壳内特定的上皮细胞层负责Ca^{2+}的双向交换。甲壳中的生物矿化过程可看作表皮层中的Ca^{2+}和HCO_3^-形成$CaCO_3$和H^+，这一反应虽然理论上可逆，但高pH（8.2）有利于$CaCO_3$的沉积。钙化过程对pH变化较为敏感，水中pH过低会延缓血液中H^+的扩散，诱导酸中毒，甚至死亡。培育系统中幼体数量过多会导致水中Ca^{2+}浓度迅速下降，同时幼体代谢和残饵分解会产生一些偏酸性物质，引起水体pH迅速下降。两者作用相累加造成幼体体内钙代谢失衡，引发其蜕壳不遂而致其死亡。Ca^{2+}和pH不平衡的典型表现就是幼体不能正常蜕壳，其步足和触角部分常无法完全蜕去，游泳姿势不正常，一般会在下一次蜕壳前死亡。调整水中Ca^{2+}和pH的方法一般是通过钙水混合器向水中混入饱和氢氧化钙溶液，如本节第一部分内容所述。

食用虾蟹类幼体的工厂化培育中的水质调控通常以保、添、换为原则，其具体是指：①幼体入培育池前水位一般加在最高位的2/3左右，水中提前接种适量微藻；②幼体入池后的前几天根据对摄食情况的实时监测，少量多次投喂，并通过补充微藻或有益菌等方法保持水质；③幼体入池，状态稳定后，开始定期补充添加新水；④待其正常生长发育至对环境及换水操作有一定耐受力，此时水质也因残饵、排泄物积累逐渐恶化（通常为培育中期），则开启换水操作。此过程中，投饵和水质是紧密相关的矛盾体，饵料投入不足会影响幼体的正常发育与生长；而投入过量则会剩余、败坏水质。因此，合理投喂是调控幼体培育水质的关键技术，这对于观赏种类的幼体培育也具有参考价值。

虾蟹类幼体培育过程中由微生物污染引发的突然死亡事件屡见不鲜，尤其对于具有较长幼体的种类，如龙虾等。这些有害微生物通常来自不合格的水源（天然或人工合成）、未经消毒的幼体或饵料。某些微生物进入培育系统后会迅速增殖形成生物膜，覆盖于各处，当幼体游泳速度下降或沉入培育池底部时，与其接触的概率增加，它们便开始在幼体体表附着、定殖。大量的病原微生物能够在幼体蜕壳时侵入体内，引发病症，致其死亡。消化道疾病多发生在幼体变态发育的后期，与弧菌的大量增殖有关，它们一般由不经消毒或消毒不彻底的卤虫幼体、幼虫或成虫带入培育系统。因此，观赏虾蟹幼体培育过程中防控水体有害微生物的引入和发生也是重要的技术环节。

培育系统中病原微生物的防控是贯穿幼体培育过程始终的工作，从系统各部分设备、装置、水源、幼体、饵料、操作人员，甚至是整个养殖场地均应统筹管理，也就是现代农业领域所提倡的生物安保理念。观赏虾蟹幼体培育系统多为小型化，容易实现整体消毒，所配备的物理消毒装置（紫外灯、臭氧发生器、蛋白分离器等）对水体中的微生物能进行有效控制。亲体、幼体与饵料的微生物防疫一方面在于提前检验，另一方面则需要消毒处理，其具体操作同本书中的有关介绍一样。这里需要注意的是滥用抗生素的问题，包括一些预防性的化学药物，将引发耐药病原菌的产生，导致严重的后果。虽然观赏虾蟹不被食用，但使用抗生素产生的负面影响仍然难以回避。目前，水产经济种类养殖已开始广泛使用非致病微生物，也称为益生菌、有效微生物，以达到控制水体中的病原微生物、改善动物生理机能、调节水质等目的。革兰氏阳性菌、光合细菌、乳

酸菌等已用于对虾类的幼体培育与养殖，有望成为抗生素的替代品。芽孢杆菌等微生物通常存在于饵料和生物碎屑中，能够被对虾所摄食。

随着对虾养殖模式的创新发展，一种被称为生物絮团的技术开始得到应用。该技术通过添加有机碳源，调节水体中的C/N比，控制适合的温度和溶解氧，进而促进异养细菌大量增殖，将氮、磷等营养物转化为菌体组分。絮积的有机碎屑形成颗粒团，再被养殖生物二次摄食，从而达到调控水质、促进营养物质循环、降低饵料系数的目的。这一技术对于观赏虾蟹类繁殖与养殖是否有效，还有待深入研究及实践的检验。

（4）日常检查与维护。

幼体培育期间的日常管理工作包括对系统运转、水质、幼体状态、饵料投喂等方面的检查与维护。每天早上进入养殖场地时首先要做的是检查系统的水位，是否存在堵塞、渗漏的情况，水泵、气泵、照明、控温器等电器设备是否正常。对滤网、过滤器及培育水槽进行清洁，同时检查幼体的状态（蜕壳、相残、死亡、游动）、数量及残饵情况。根据检查结果，准备投入新鲜的饵料，投饵后观察幼体的运动和摄食等行为是否正常，做好工作记录。白天根据幼体的摄食情况，定时补充饵料；检测水质（pH、盐度、氨氮、亚硝酸盐、硝酸盐、碱度、硬度等），并进行相应的调整；对有问题的部件进行维修、维护；联系客户或供应商。晚上离开时，通常也需要重复检查与投饵工作，仔细确认各个环节的安全、稳定。随着物联网、传感器等技术的发展，在培育期间对系统的远程监控和操作也得以实现。已有可以在智能手机上就能实时监控及断电、水质异常（pH、温度、溶解氧等）报警的应用程序，而自动化设备（投饵、清洁）的发展也将为日常工作带来诸多便利。

光照作为水生动物生存环境中重要的生态因子之一，影响个体发育、存活、生长和繁殖等生理活动。虾蟹类生有具眼柄的复眼，其主要的神经内分泌器官分布于这一光感受器周围。研究者认为光

照对于视觉的影响可能会影响某些激素的分泌,进而产生相应的生理反应。光照对虾蟹类幼体行为及生理活动的影响已有较多研究报道,但其结果因种类而异。蛙形蟹初孵幼体在24h纯黑暗条件下的摄食率低于有光照组个体。然而,光照周期对泥蟹幼体的摄食无显著影响。与多数靠视觉捕食的仔鱼、稚鱼不同,虾蟹类幼体摄食并不依靠视觉,其捕食并不直接受光照影响。不过,光照会刺激幼体运动,有时会增强其趋光行为,间接促进其与饵料接触的概率。鼓虾和动额虾初孵幼体具有很强的趋光性,有光照时,它们大多冲向水体表面,有时由于水、气接触处的表面张力作用或气泡,会被困住而动弹不得,不能主动捕食,直至饿死。对于这些种类,可在幼体刚孵出阶段调低光照或创造黑暗环境,待幼体发育至第2期时逐渐调高光照强度与光照时间。另外,鞭腕虾种类的后期幼体表现出一定的避光习性,有光照时,它们往往躲避在遮蔽物中,而投入的活体饵料生物又多具趋光性,则聚集在有光照处,如此也会导致幼体的摄食效果不佳。越来越多的研究也证实,光照颜色(波长)也会影响虾蟹类幼体的行为,如中华绒螯蟹自溞状幼体至大眼幼体均对蓝色光表现出明显的趋向性。因此,在幼体培育的日常管理工作中还应充分考虑光照因素,进行实时调整。

  培育过程中实时观察幼体发育时期和记录蜕壳的时间,有助于分析、评价培育条件是否合适。海洋观赏虾幼体在不适宜的培育条件下,会延长发育时间(通常是几周)。研究表明,给摩纳哥鞭腕虾幼体投喂去壳卤虫卵虽然能够存活,但发育不会超过5期溞状幼体,个别蜕壳进入第6期的幼体,从形态、大小上也很难区别于第5期幼体。然而,如果饵料和培育条件得到及时优化,幼体可能恢复正常的发育进程,但大多要增加蜕壳次数与幼体期。白须条斑鞭腕虾各时期幼体的发育时长不同,最后一期幼体持续时间较长。除营养水平外,温度也是影响幼体发育时长的关键因素。摩纳哥鞭腕虾幼体在水温20℃时需要32天发育至仔虾,而26℃时只要19天。然而,水温过高时幼体代谢加快,发育时间虽短,却易出现营养缺陷,导

致后期死亡率升高。也有实验表明，如果饵料和水质适宜，适当加快幼体发育速度对其成活率并无显著影响。常见海洋观赏虾幼体的适温范围为 25~29℃，适宜的培育温度为 25~26℃。此温度条件下，每期溞状幼体一般为 2 天，据此计算，有 9 期溞状幼体的种类，正常情况下自孵化至最终变为仔虾要 18 天。

幼体的游泳姿态也是判断其活力及培育环境是否适宜的指标。"随波逐流"或者长时间沉于容器底部的幼体多预示着培育条件的不适，这样的幼体其身体或附肢上常附着有大量微生物、碎屑等污物，即所称的"挂脏"。这些附着物增加了幼体游动的阻力，如果不能通过正常蜕壳将其清除，则会越积越多，往往导致幼体死亡。鞭腕虾幼体有着典型的"回环式"泳姿，它们的第 5 对胸足通常伸直或稍弯曲，以指尖为中心向后翻转一周，失去第 5 胸足的个体也能够做此运动。培育期间幼体停止这类典型的行为，通常表示其状态下滑，培育条件变差。

幼体培育期间，有时需要决断是否终止培育工作。实践中发现，幼体在培育半程就有 50% 以上的死亡率时，剩余存活个体在接下来的培育阶段中死亡率也将极高，至发育后期阶段甚至不超过 5%，多数还会出现增加蜕壳的现象。如摩纳哥鞭腕虾幼体通常有 9 期溞状幼体，在第四至第五期变态发育时，若幼体存活率低于 50%，此时就应果断终止培育过程，否则只会无谓地投入成本而收获甚微。针对类似问题，一些养殖场常用的做法是将几批次发育期延长，存活到后期的幼体并入一个水槽，集中培育，对于经济价值较高的种类，如莫里西斯鞭腕虾，此法值得采用。幼体质量差或者培育环境不适均会导致后期幼体变态不同步、相残严重等问题，大规模培育时常定期（每天或隔天）将变态的仔虾捞出，转移至水体较大的养成池中饲养。

三、养成

目前，常见淡水养殖观赏虾蟹主要为匙指虾科米虾属和新米虾

属的小型种类，外加一部分长臂虾和螯虾类。其饲养技术较为简单，苗种供应充足，投放一些兼任水族造景缸中的"清洁工"的种类，条件合适时即可自行繁殖。而能形成规模化、商业化养殖的海水观赏虾蟹类还较少，能人工繁育、交易量相对较大的主要为鞭腕虾科的莫里西斯鞭腕虾、白须条斑鞭腕虾、摩纳哥鞭腕虾和一些被同样称为薄荷虾但尚无命名的鞭腕虾类，以及膜角虾科的油彩膜角虾等种类。前两种鞭腕虾的繁育技术尚不成熟，经常会出现幼体在变态时不明原因的死亡现象，这也是现阶段困扰养殖企业的主要问题。但对这些种类而言，人工繁育的苗种一直供不应求、售价可观，尤其对于具有保护珊瑚礁意识的客户，他们宁愿花更高的价格购买。摩纳哥鞭腕虾已被证实能清除水族箱中有害的海葵，其苗种培育技术也相对稳定。因此，一些欧洲的企业已由原先养殖来自西大西洋的鞭腕虾类转为养殖当地的摩纳哥鞭腕虾。膜角虾苗种的培育仍然阻碍着其养殖规模的扩大，它们由浮游幼体变为底栖的仔虾后，转而开始摄食独特的食物——海星，尤其喜好林卡海星属的种类。因此，膜角虾类人工饵料的研发将会推动这一特殊种类养殖业的发展。相对而言，摩纳哥鞭腕虾的人工养殖具有相对优势，如幼体时期少（9个溞状幼体，1个后期幼体），条件合适时仅需19天便可以发育至仔虾；幼体培育技术较为成熟，全程仅用初孵的卤虫无节幼体作为饵料；能够控制水族箱中有害的海葵。

1. 设施与装置

如前所述，观赏虾蟹多饲养于室内配备循环水处理系统的小型水族箱中。箱体材料多样，有透明、半透明或不透明之分。箱体颜色对虾蟹类养殖的长期影响无详细研究，常见有白、黑或灰等。市售用于观赏虾养殖的水族箱多为长方形（容积多在60~600L），但实践中圆形水箱更有优势：①容易维护；②无死角、水质均一；③水流旋转速度可以根据养殖需求调整；④通过水流旋转，方便排污；⑤易于实时监控残饵和生物活动情况，控制合理的投喂量。长方形水族箱的吸污操作为日常维护中的主要内容，但也非常费时、费力，

稍有疏忽则会造成系统水质变差。大部分观赏虾类在水质不好时，鳃腔中往往会出现黑色斑点。如不及时发现这一信号，进行相应的水质调控，黑斑会继续变大，最终造成更严重的后果。普遍采用的虹吸管吸污方法很容易伤及幼虾，即使不是立即致死，受伤的个体也易于感染病原菌，导致后续的死亡。实际操作中，通常在虹吸管前端套一网孔大小合适的筛网，以防止幼虾受伤，同时不影响污物颗粒的排出。

观赏虾类一般为底栖活动，要求有较大的活动空间（较高的表面积/体积比），使用相对浅的水箱则具有一些优点：①减少了循环水系统的总水量，进而减小了水处理系统（维生系统）的规模，以及减少配制人工海水的用盐量，降低了成本；②有利于实时观察养殖种类；③便于日常清洁维护。但其缺点为：①较大的空气与水接触面加速了水体蒸发，盐度波动导致生物产生渗透胁迫；②需要更多的能量维持系统的温度。在水箱中放置较高表面积/体积比的物体也是增加养殖种类栖息地面积的有效方法，它们不仅为幼虾提供充足的遮蔽物，而且有助于生物膜的形成，这些微生物的增殖有利于加强系统内的生物净化作用，同时能够充当部分生物饵料。海水虾类养殖常采用"活石"、网袋、人工水草垫或PVC管堆积体。"活石"虽然有很多优点，但在时间较长的养成阶段，它会妨碍水箱的日常清理和对内部的观察，易藏污纳垢，阻碍水体规律流动，尤其增加了引入敌害生物的风险。网袋与人工水草垫纤细柔软的材料对刚转为底栖生活、肢体还较脆弱的仔虾较为适合，为其提供充足的栖息、庇护和觅食场所。但是多数种类的避光习性也始于这一阶段，如果水族箱的光照太强，仔虾将一直躲避于遮蔽物中不肯出来摄食，影响其生长。因此，养殖期间的光照强度不宜过高。同上所述，这些网袋或人工水草垫的放置要以不在箱内形成水流死角为原则，通过观察污物是否经常聚集于箱底某处即可判定死角的存在及位置。

将直径为25mm、长60mm的PVC管黏合成5行10列的"虾

巢"，能够为 50 尾仔虾提供栖身之处（图 2-8）。小管间的空隙可供较小的仔虾栖息，在蜕壳时躲避较大个体的侵扰。这一设计易于清洁，能够调整为与水流平行的位置，利于食物颗粒进入其中，供养殖对象摄食。由于大部分虾蟹类在受到惊扰时会选择藏身于遮蔽物内，该装置还可用于收集样本，进行生长检查及大小分筛等工作。

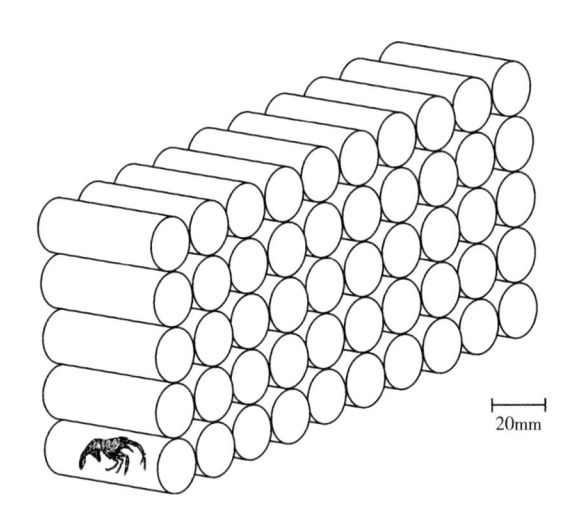

图 2-8　PVC 管"虾巢"（Calodo，2008）

淡水匙指虾类通常被饲养于水草缸中，其密度有时可以达到 20 ind./L 以上。海水观赏虾类的养殖密度因种类而异，当前少有系统的研究报道。实际上，有些种类不适合群体养殖，如具有很强领地意识的猬虾属种类、具有"结对"生活习性的鞭腕虾类（莫里西斯鞭腕虾）等。对一些具有很强相残习性的种类，可以考虑采用已在龙虾、螯虾、蟹类等养殖中应用的单体养殖技术。即将每一个体单独饲养于一定大小、底部有孔、能排污的隔间内，其相连形成一个大的养殖单元。这样的养殖单元可多层放置，也称为立体养殖，不仅能够防止动物间相残，而且有效利用了空间和水体，具有良好的实用性。然而，迄今尚缺乏有关虾蟹类单体养殖的生物学、生态学及生理学的理论研究，尤其对于一些具有社会行为特征的种类，隔离饲养对其"结对"、聚群、性别分化、性早熟等生物特性的影响还没有定论。针对特定种类的单养技术还需要更多的研究投入才有可能获得效益的最大化。

2. 水质和饵料

观赏虾蟹类养成与前文所述的亲体培育相似，多在水草或珊瑚展示水族箱内进行。养殖过程中的水质调控不仅要依靠高效的水处理设备及工艺流程（如前文所述），还需要综合考虑养殖种类自身及与其共栖的水生动植物对水质的要求。关于循环水系统中氨氮的处理，水体Ca^{2+}和pH与虾蟹类蜕壳的关系，以及微生物对水质的影响等问题已在本节亲体与幼体培育部分和本书其他章节进行了分析，观赏虾蟹养成期间同样需要关注这些问题。水族箱中养殖种类不合适的搭配混养会影响个体生长，造成生态系统不稳定，养殖、展示效果欠佳。如"水晶虾"等一些新米虾种类偏好弱酸性水质，如将其饲养在水草过于茂盛的水族箱中，由于植物的光合作用，水体pH很难达到养虾的要求，反而影响其生长和繁殖。实践中，通过铺设具有缓冲能力的偏酸性底泥，选择喜弱光的植物可以解决这一问题。

现阶段，有关观赏虾蟹营养学的研究较少，有限的相关资料也多来自淡水的长臂虾科种类，但摄食与栖息环境的差异导致一些数据无法应用于海水种类。食用虾蟹饵料营养配方的研究方法以及龙虾、螯虾及蟹类养成期饵料的选择与投喂技术等科研成果，对观赏种类具有重要的参考价值。去壳卤虫卵、活体或冷冻的卤虫无节幼体、卤虫成虫、冷冻虾丸、鱼片或鱼丸、商品化冷冻混合饵料，以及新鲜或冷冻切碎的鱿鱼、虾、蛤、贻贝或鱼籽等均是日常使用的饵料。现有的研究及实践表明，养成中饵料多样化的效果明显优于仅投喂单一饵料。但也有研究显示，摩纳哥鞭腕虾自变态为仔虾至养成商品规格期间，全程投喂野生活体卤虫，成活率能达到100%。养殖中发现，活卤虫在水中游动具有分散虾注意力的效应，进而减少了相残行为。另外，摄食活体卤虫的虾在水箱底部的排泄物较少，

每周清理一次即可；而投喂其他冷冻饵料时，排泄物较多，需要每隔一天进行清洁，可以明显看出摄食活卤虫有利于虾的消化吸收。活体饵料的优势虽然明显，但对于大规模养殖而言，过高的成本及引入病原的风险限制了其长期、大量使用。因此，在高密度养成期间可采用定期补充活体饵料的投喂方案。

即便养成期间使用冰鲜饵料投喂的效果较为理想，但配合饲料的研发仍然是亟待解决的重要技术环节。对于大规模养殖企业来说，未来只有使用人工配合饲料才能为全球的客户提供充足、质量稳定的观赏虾蟹，也才能在成本上胜过捕捞的野生个体，实现对自然资源的保护。

第三章　虾蟹类病害防控技术

病害发生是长期困扰虾蟹养殖业发展的主要问题，病毒病如白斑综合征病毒、桃拉病毒等，往往给养虾业造成了毁灭性的危害。除了病原本身，虾蟹养殖中的病症多由不合理的水质、饵料等日常管理工作不当造成，平时应多注意养殖生物及整个系统的细微变化，做出及时调整。对于规模化养殖企业，有必要制定严格的"生物安保"措施，防患于未然，发展环境友好型养殖模式应是产业自始至终的努力目标。

虾蟹类疾病的发生、发展规律与其他水产动物如鱼类疾病基本相似，本章将重点介绍虾蟹类病害的特点、诊断与防控措施。

第一节　对虾白斑综合征

【病原】白斑综合征病毒。病毒粒子呈杆状，具囊膜，双链环状DNA，不形成包涵体。平均大小为350nm×150nm，核衣壳大小为300nm×100nm，完整的病毒粒子外观呈椭圆短杆状，横切面为圆形，一端有一尾状突出物［图3-1（a）］。

【症状】病虾首先停止吃食，行动迟钝，弹跳无力，漫游于水面或伏于池边水底不动，很快死亡。典型的病虾在甲壳的内侧有白点，白点在头胸甲上特别清楚，肉眼可见［图3-1（b）］，也有病虾不出现明显白点，头胸甲与其下方的组织易剥离。白点在显微镜下呈花朵状，外围较透明，花纹清楚，中部不透明［图3-1（c）］。病虾鳃、皮下组织、胃、心脏等组织中出现细胞核肥大、核仁偏位的病变核［图3-1（d）］。

【流行情况】我国乃至东南亚对虾养殖地区普遍发生，是一种危害性极大的急性流行病。中国对虾、日本囊对虾、斑节对虾、长毛

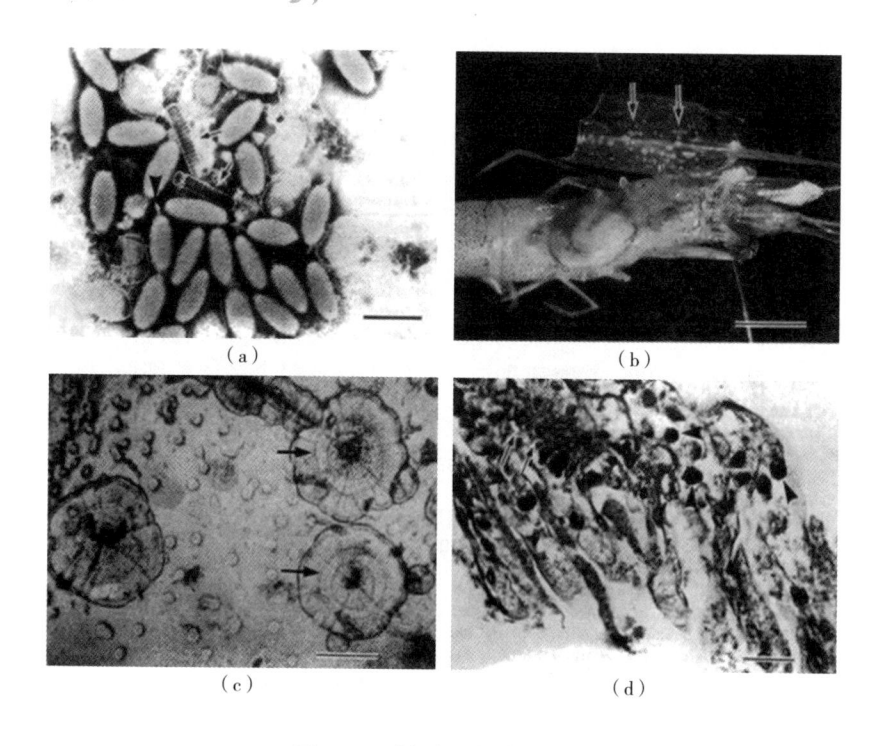

图 3-1 对虾白斑综合征病毒

(a) —白斑病毒粒子,粗箭头表示有囊膜的病毒在一端有一尾,细箭头表示无囊膜的核衣壳,标尺=300nm (b) —患病对虾,箭头表示头胸甲上的白斑,标尺=1cm (c) —病虾头胸甲上白斑的显微观察,箭头表示同心圆状的白斑,中心厚,边缘薄,标尺=0.5mm (d) —病虾鳃上皮组织切片,粗箭头表示肥大的细胞核,细箭头表示正常的细胞核,H&E 染色,标尺=20μm

对虾和墨吉明对虾等都是敏感宿主。传播方式主要是水平传播,通过残食感染的病虾、死虾而传播扩散,也可经卵垂直传播。

【诊断方法】

1)病虾体表观察到典型的点状白斑即可作出初步诊断。

2)镜检病虾的鳃、胃、淋巴器官、皮下组织见到细胞核异常肥大的病变核时可做出进一步诊断。

3)取病虾的鳃、胃、淋巴器官、皮下组织等分离病毒负染观察

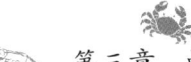

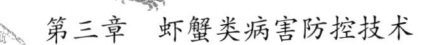

或制备超薄切片观察病毒粒子进行确诊。

4）也可根据病毒核酸序列，采用特异性 PCR 引物、DNA 探针等分子生物学方法或应用单克隆抗体、酶联免疫吸附等免疫学方法确诊。

【防治方法】病毒病通常没有有效的治疗方法，主要应采取综合性的预防措施。以下为现有的经验和方法，供参考。此法也适用于后述的其他病毒病。

1）虾池在养虾前彻底清淤和消毒处理，同时加固堤坝，防止渗漏。消毒前一般先进水 10~30cm，然后用生石灰，每亩用 70~80kg 对全池进行均匀泼洒，也可用漂白粉、漂粉精等含氯消毒剂，凡灌满水后能淹没的地方都要泼到。消毒后应曝晒 1 个星期左右，然后进水，并做好调水工作。

2）培养健康无病的虾苗，选择体色正常、健壮活泼的虾作为亲虾，必要时抽取几尾做病毒检测，确保亲虾不带毒。亲虾入池前用 100mg/L 的福尔马林或 10mg/L 的高锰酸钾海水溶液浸洗 3~5min，以杀灭体表携带的病原体。受精卵用 50mg/L 的碘伏（聚乙烯吡咯烷酮碘）浸洗 30s；或用过滤海水并经紫外线消毒后冲洗 5min。育苗用水应过滤和消毒，育苗期间切忌温度过高和滥用药物，应经常检查，发现病症后适当用药。

3）放养密度要合理。对虾的养殖密度应根据当地水源、海域环境、虾池的结构和设施、生产技术、管理经验、虾苗的规格、饲料的质和量等条件而定。

4）合理用水、培好水色、保持优良水质。应设立蓄水池，蓄水池一级进水后用含氯消毒剂消毒并沉淀 3 天，再注入第二级培肥水色，使池水呈淡黄色、黄绿色，透明度为 30~40cm，然后注入养虾池。这样一方面可防止进水时带入病原体，另一方面也可使虾池的环境不至于因大量进水突然改变过大，降低对虾的抗病力。养虾池也应一直保持优良水色和水质，发现突然变清或水色过浓时应及时换水。在养虾场附近有虾病流行时，停止从海区向蓄水池注水，应将虾池中的水与蓄水池中的水循环使用。保证水体溶解氧不低于5mg/L，注意减少应激。

5）饲料要优质适量，所谓质优是指饲料的营养成分齐全，比例搭配适当，同时原料应新鲜，防止腐败变质，最好是投喂优质的人工饲料。投饵量应适当，应根据虾的摄食量及时调整；每日的投饵量应分 3~4 次投喂；尽量减少残饵，防止残饵严重污染池底。

6）及时检测病毒。一旦发现病毒，严格防止池间互相传染。每天到虾池观察，发现对虾体色、吃食和活动异常时，就应进一步采捕病虾并用显微镜检查，诊断或疑为病毒病时，应严禁排水，防止疾病蔓延。确诊后应将虾全部捕起，并彻底消毒池塘。病虾应销毁勿乱丢。

7）改变养殖模式，采用高位池养虾或小棚养虾，可减少外来水源或其他途径引入病原的可能。

8）根据养殖条件选用合适的鱼类如草鱼、石斑鱼等进行生物防控，如欲养殖 20 万尾/亩的虾苗，可每亩投放虾苗 30 万尾和 1kg 左右的草鱼 60 尾。

9）投喂能提高对虾细胞免疫力的中草药，也有一定的预防作用。

第二节　对虾杆状病毒病

【病原】对虾杆状病毒。该病毒是一种 A 型杆状病毒，具囊膜，核酸为双链 DNA。病毒粒子呈棒状，大小为 74nm×270nm。病毒在肝胰腺及前中肠上皮细胞内增殖并形成金字塔形或角锥形的包涵体（图 3-2）。

【症状】病虾的摄食率和生长率降低，体表和鳃上常有共栖生物和污物附着。肝胰腺和中肠上皮细胞的细胞核肥大，内有 1 个或几个垂直高度为 8~10μm 的角锥形包涵体，这是该病的特征性病理变化。

【流行情况】本病主要在美国流行，中美洲和南美洲的太平洋沿岸地区也偶尔发生。桃红对虾、褐对虾、万氏对虾和墨吉明对虾等

第三章　虾蟹类病害防控技术

图 3-2　对虾杆状病毒包涵体形态
（a）、（b）南美白对虾粪便和组织压片中的四面体形对虾杆状病毒的包涵体
（c）褐对虾肝胰腺组织切片中对虾杆状病毒的包涵体，标尺 = 20μm
（d）对虾杆状病毒三角形包涵体的电镜照片　（e）感染对虾杆状病毒的
南美白对虾苗的肝胰腺切片，箭头表示多个嗜伊红的三角形包涵体

是该病的敏感宿主，成虾、幼体和仔虾都可发病。本病是孵化场内万氏对虾幼体的严重疾病。

【诊断方法】取患病对虾的肝胰腺和中肠压片，显微镜下看到角锥形包涵体，即可作出初步诊断。取肝胰腺或中肠组织制作病理切片，用苏木精曙红染色或用甲基绿派洛宁染色后观察到细胞核内包涵体时可做出进一步诊断。确诊需用电子显微镜观察棒状的病毒粒子。

【防治方法】此病没有治疗方法。预防措施如下。

①水源水的消毒,或者直接使用配制海水,已发过病的虾池应彻底消毒;②使用天然海水时,尽可能减少系统的换水量;③减少系统排水中微生物和有机物的总量;④所有投入系统中的外源物(包括饵料)应进行严格的消毒;⑤对引进的亲虾或幼体要严格检疫,放养无病原仔虾,已受感染的对虾要销毁。

第三节 桃拉综合征

【病原】桃拉综合征病毒。该病毒为单股正链 RNA 病毒,病毒粒子呈二十面体,无囊膜,直径为 31~32nm,可形成包涵体。主要感染南美白对虾的上皮细胞,引起对虾的大量死亡。该病因最早于 1992 年发生在厄瓜多尔的桃拉河的河口附近而得名。

【症状】本病在临床上可分为急性感染期、过渡期和恢复期 3 个阶段。

急性感染期主要发生于对虾蜕皮期,病虾食欲减退或消失,游动缓慢无力,并伴有大量死亡,身体发红呈茶红色或灰红色,游泳足、须和尾扇发红尤为明显,故称"红尾病"[图 3-3(a)]。患病虾的头胸甲易剥离,消化道空无食物。急性期病程很短,出现症状后 4~6 天起,病虾停食并出现大量死亡。

到第 10 天左右,疾病进入过渡期,病虾死亡减缓,出现恢复现象,体表开始变黑,出现随机、不规则的黑色的斑点或坏死病灶,附肢缺损[图 3-3(b)]。如果病虾蜕壳成功,则进入慢性恢复期,病虾外观无明显异常,成为无症状的桃拉综合征病毒携带者。

【流行情况】本病自 1992 年起,自厄瓜多尔暴发并逐渐向世界各地蔓延,1999 年传入我国台湾,随后在全国各对虾养殖区域广泛暴发。桃拉综合征是南美白对虾特有的病毒性疾病。主要传播途径是水平传播,大部分虾池在进水换水后发现对虾染病,感染后存活的对虾终生带毒。

该病的暴发有以下规律:①通常在气温剧变后 1~2 天,特别是

图 3-3　对虾桃拉综合征
(a) 病虾身体发红，尾扇尤为明显　(b) 病虾体表出现不规则的黑斑

水温升至28℃以后易发病；②大小都可发病，以养殖时间在30~60天、体长为6~9cm的小稚虾更为敏感，受害严重，累计死亡率可达95%以上；③一般在低透明度、高氨氮及亚硝酸盐水体和底质老化的池塘中多发。

【诊断方法】

1）桃拉病毒病有3个明显不同的阶段：急性期、过渡期和慢性期，各个阶段的症状明显不同。病虾由急性死亡、红体过渡到慢性死亡、黑斑，蜕壳后无明显症状的特征性病程，即可作出初步诊断。

2）取病虾皮下黑斑压片或制作组织病理切片，显微镜下观察，见上皮组织坏死解体。坏死细胞的细胞质碎片聚集在急性感染的病灶处，染色后观察到独特的"胡椒粉状"或"散弹状"病灶，可进一步诊断。

3）确诊需采用反转录PCR扩增进行病毒的分子鉴定。

【防治方法】采用综合防治的方法。

1）调整虾池水质平衡及稳定，pH维持在8.0~8.8，氨氮浓度在0.5mg/L以下，透明度维持在30~60cm。

2）水体消毒。每10~15天（特别是在进水换水后）使用漂白

粉等含氯消毒剂消毒。

3）底质改良。在养殖过程中，特别是中后期，定期使用水质及底质改良剂。

4）内服药物。平时的饲料中添加一些维生素、大蒜泥、聚维酮碘等进行预防，同时在饲料中添加生物活性物质以增强免疫功能。

第四节 黄头病

【病原】黄头病毒，该病毒为单链 RNA，病毒粒子呈杆状，有囊膜，大小为（150~200）nm×（40~50）nm，完整的病毒粒子具高电子密度的核衣壳，直径为 20~30nm。病毒主要感染肝胰腺、淋巴器官、造血组织、结缔组织和鳃丝神经管等组织。病毒粒子存在于病虾的细胞质中，通过宿主细胞的细胞膜出芽而释放出来。

【症状】肝胰腺肿大、发黄、变软，尾扇变成橘黄色是本病的典型症状，与健康对虾的褐色肝胰腺和黄色尾扇相比格外明显（图3-4）。病虾发病初期摄食量增加，然后突然停止吃食，在 2~4 天内会出现临床症状并死亡。濒死的虾聚集在池塘角落的水面附近，其头胸甲因

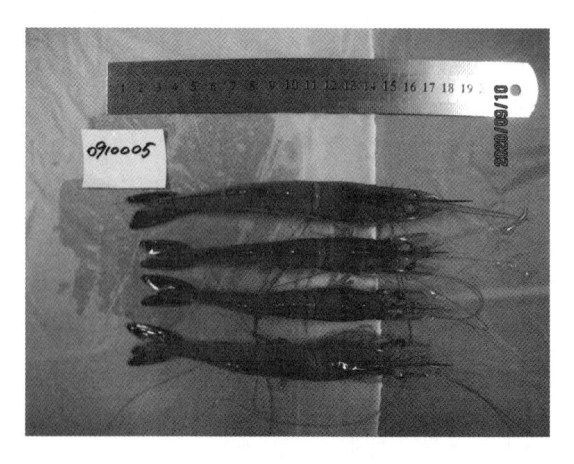

图 3-4 中国对虾黄头病的症状

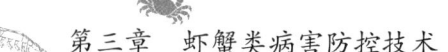

里面的肝胰腺发黄而变成黄色,对虾体色发白,鳃为棕色或白色。

【流行情况】黄头病毒主要感染斑节对虾,南美白对虾、中国对虾、日本对虾、墨吉明对虾、南美蓝对虾、刀额新对虾、糠虾、磷虾等也易感。黄头病毒普遍存在于斑节对虾中,15日龄以上的斑节对虾仔虾易感染,其他品种幼虾在50~70日龄时易感染,感染后的3~5天内,对虾累积发病率高达100%,死亡率达80%~90%。

黄头病毒的传播方式有水平传播和垂直传播两种。本病常与对虾白斑症病毒病混合感染。

【诊断方法】

1) 观察到患病对虾的肝胰腺和鳃变黄、尾扇呈橘黄色的典型特征时即可作出初步诊断。

2) 取病虾鳃组织制作病理切片,观察到均匀染色的球形强嗜碱性细胞质包涵体时可作进一步诊断。

3) 分子生物学方法,如DNA探针、反转录PCR和免疫诊断方法。

【防治方法】

1) 本病尚无有效控制方法,可以参照对虾白斑症病毒病的预防措施,尤其应注意苗种生产的规范和严格检疫。

2) 苗种繁育场内黄头病毒检疫阳性的亲虾和苗种应全部扑杀;病毒阳性的种用和商品用养殖虾必须进行无害化处理,禁止用于繁殖育苗、放流或作为水产饵料使用。

第五节 传染性肌坏死病

【病原】传染性肌坏死病毒。该病毒为双链RNA病毒,病毒粒子直径为40nm,呈二十面体,无囊膜。病毒主要感染虾横纹肌(包括骨骼肌、心肌)、结缔组织和血淋巴细胞等,在横纹肌内形成圆形、椭圆形或无定形的嗜碱性包涵体,造成肌纤维断裂、坏死。

【症状】肌肉坏死、发白是本病的典型症状。发病初期,病虾尾扇前端第六腹节肌肉组织出现白色的点状或条状坏死区，逐渐向身体前端扩散直至全身发白（图3-5）。剥去甲壳可见白色不透明的肌肉组织，部分病虾的尾扇发红，淋巴器官显著增大至原来的3~4倍。病虾往往表现为肠道充盈，反应迟钝，在池边聚集，受到投料、水温或盐度骤变应激后死亡率会明显增加。

图3-5 南美白对虾患传染性肌坏死病

【发病规律】南美白对虾、太平洋对虾、太平洋蓝对虾、斑节对虾等都对传染性肌坏死病毒敏感。本病是工厂化养殖南美白对虾的常见病，60~80天的南美白对虾幼虾对本病最敏感。最适发病温度在30℃左右，疾病发生通常呈慢性，短期内死亡率不高，但患病对虾会持续死亡，累计死亡率为70%~85%。

本病可通过对虾摄食病虾残体或污染的粪便、水体等途径进行水平传播，也可通过亲虾传给子虾的方式垂直传播。

【诊断方法】

1）观察到患病虾出现白色或条块状坏死，坏死部位由尾扇朝身体前段逐渐扩散，即可作出初步诊断。

2）取病虾肌肉组织，制作组织病理切片，显微镜下观察到无定形的包涵体，可进一步诊断。

【防治方法】本病的防治方法同对虾白斑综合征。发病后，应保证水质良好而稳定，溶解氧充足，可减缓发病速度。

第六节 肝胰腺细小病毒病

【病原】肝胰腺细小病毒。该病毒为单链线性 DNA 病毒，病毒粒子很小，直径为 22~24nm，呈二十面体对称，多数为球形，少数为多角形，无囊膜。

病毒主要感染幼虾或成虾的肝胰腺和鳃等组织的上皮细胞，在上皮细胞内形成椭圆形嗜酸性包涵体。

【症状】患病虾的肝胰腺发红、肿大，肠道发红、变宽，游泳足发红，养殖户称其为"粉虾"（图 3-6）。感染严重时肝胰腺萎缩坏死，与健康对虾的褐色肝胰腺相比格外明显。组织病理检查可见嗜酸性的椭圆形核内包涵体（图 3-7）。患病后对虾离群独游，摄食量减少或不摄食，同时甲壳变软、易剥离，并伴有肠炎、烂鳃、空肠和空胃的现象。病虾生长缓慢，虾体瘦弱，最终致死，死亡率达到 50%。存活个体也不能长到正常规格，导致对虾严重减产。

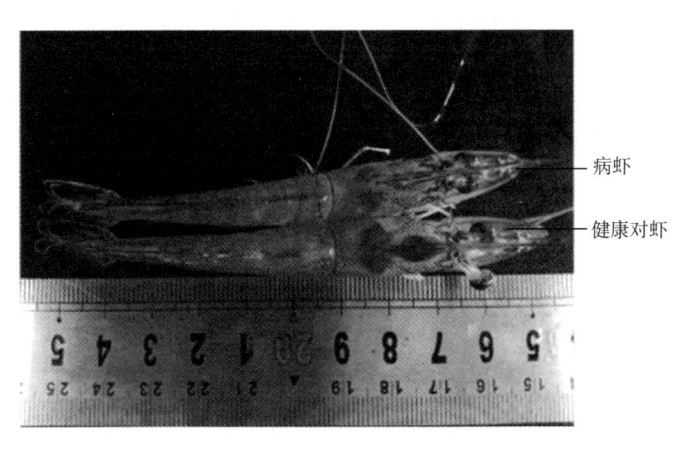

图 3-6　对虾肝胰腺细小病毒病

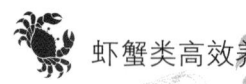

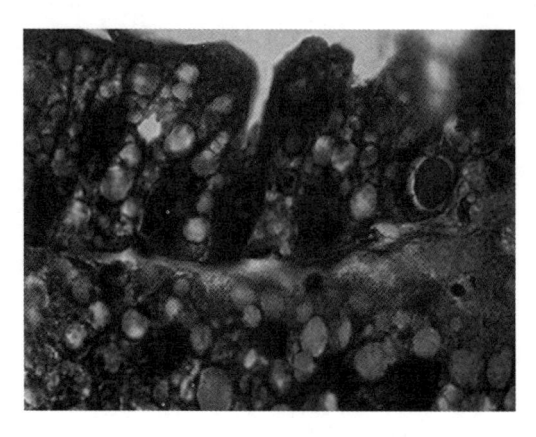

图 3-7 对虾肝胰腺细小病毒病感染的上皮细胞中的包涵体

【流行情况】虾类肝胰腺细小病毒病的易感物种包括中国对虾、墨吉明对虾、短沟对虾、斑节对虾等，特别易感对虾幼体，感染后的幼虾在4~8周内死亡率为50%~100%。感染对虾肝胰腺细小病毒的幼虾生长到半成虾（6~7cm）时便停止生长，造成较大经济损失。

本病的传播途径以水平传播为主。对虾摄食了带病毒的饲料或者病虾残体、池塘水体受到病毒污染或者亲虾从肠道排出病毒感染虾苗都可导致疾病的传播。

【诊断方法】

1）观察到病虾的肝胰腺、鳃、肠道和游泳足发红，严重时肝胰腺萎缩坏死，即可作出初步诊断。

2）取病虾肝胰腺，制作病理切片后，显微镜下观察见到上皮细胞中的包涵体，可进一步诊断。

3）透射电镜观察到核内包涵体中的病毒粒子时即可确诊。

【防治方法】除一般的预防措施外，没有有效的治疗方法。

第七节　红腿病

【病原】已见报道的有副溶血弧菌、鳗弧菌、溶藻弧菌、气单胞

菌和假单胞菌等多种细菌。

【症状】主要症状是附肢变红色，特别是游泳足最为明显；头胸甲的鳃区呈淡黄色或浅红色。病虾在池边缓慢游动或潜伏于岸边，行动呆滞，不能控制行动方向，在水中旋转活动或上下垂直游动，停止吃食，不久便死亡。

解剖可见头胸甲鳃区呈淡黄色。血淋巴液稀薄，不易凝固。血淋巴、肝胰腺、心脏、腮丝等器官组织内均可看到细菌。

【流行情况】全国养虾地区都有病例，发生在中国对虾、长毛对虾、斑节对虾、南美白对虾中，发病率和死亡率可达90%以上，是对虾养成期危害较大的一种疾病。流行季节为6~10月，以8~9月最常发生，可持续到11月。此病的流行与池底污染和水质不良有密切关系。

【诊断方法】一般靠外观症状就可初诊。但对虾在环境条件不利时，如拥挤、缺氧等，附肢也会暂时变红色，但鳃区不变黄色，并且在条件改善时很快就可恢复原状。确诊必须在显微镜下检查到血淋巴中有细菌活动或用血清学方法检测。

【防治方法】

预防措施：清除池底淤泥，用生石灰或漂白精、漂白粉或其他含氯消毒剂消毒；夏秋高温季节，定期泼洒生石灰，根据底质和水质情况，每亩可用5~15kg生石灰。

治疗方法。

1）将0.05%~0.1%的氟哌酸或0.2%的土霉素混入饲料中，制成药饵，连续投喂5天左右。或将饲料重量1%~2%的大蒜去皮捣烂，加入少量清水搅匀并拌入饲料中，待药液完全吸入后投喂，连喂3~5天。

2）同时使用下列含氯消毒剂之一泼洒全池，以消灭池水和虾体表上的病菌，效果更好：①漂粉精0.3~0.5mg/L；②三氯异氰尿酸0.2mg/L；③漂白粉（含氯30%以上）1~2mg/L；④溴氯海因或二溴海因0.3~0.5mg/L。

第八节 幼体弧菌病

【病原】已见报道的有鳗弧菌、海弧菌、溶藻酸弧菌、副溶血弧菌、假单胞菌和气单胞菌。因为弧菌最为常见,统称为弧菌病。

【症状】患病幼体游动不活泼,趋光性差,病情严重者在静水中下沉于水底,不久就死亡,血淋巴中有大量细菌。有些幼体体表和附肢上黏附有许多单细胞藻类、原生动物和有机碎屑等污物(图3-8)。

图3-8 患弧菌病的对虾溞状幼体附肢上附着的污物

【流行情况】对虾幼体弧菌病是世界性的,我国各地对虾育苗场都有发生。从无节幼体到仔虾都经常发生流行,但以溞状幼体Ⅱ期以后发病率最高。这与人工饲料投喂过多,残饵污染水体,滋生细菌有关。

对虾幼体的弧菌病一般是急性型的,发现疾病后1~2天内就可使几百万的幼体死亡,甚至使全池幼体死亡,造成重大经济损失。

【诊断方法】根据临床症状即可作出初步诊断。确诊需取患病幼体置于载玻片上,加1滴清洁海水后盖上盖玻片,在400倍显微镜下观察到血淋巴中有大量细菌,在虾体比较透明的地方最容易看到。

第三章 虾蟹类病害防控技术

【防治方法】

预防措施。

1）育苗池在放卵以前应充分洗刷干净并用药物彻底消毒，特别是曾经发生过弧菌病的池塘更应严格消毒。消毒药物可用浓的高锰酸钾溶液或漂白粉溶液。

2）育苗用水最好经过砂滤，保持水质清洁，并在池水中接种有益的单细胞藻类，如金藻和角毛藻等。

3）不在同一池塘中产卵和育苗，以免亲虾将病原体带入育苗池，以及卵液污染水质。

4）放养密度不要太大。

5）应每天换水，特别在开始投喂人工饵料以后，更应加强换水，保持水质清洁。

6）投饵要适量，将每天的投饵量分为多次（一般为8次）投喂，防止过多的剩饵沉于水底，腐烂分解，污染水质，滋生细菌。

7）每天早、中、晚各到池塘观察一次幼体活动情况、吃食和发育情况。一般将幼体舀在烧杯内肉眼观察即可，如果发现游泳不活泼，有下沉现象，或体表有污物时，应立即用显微镜检查。

8）在流行病的高峰时期可适当用药物进行预防。但要防止滥用药物或施药的时间、剂量和方法不当，引起病菌的抗药性。

9）发病池塘所使用的工具，应专池使用。病后幸存的幼体如果数量不多，宁可放弃，也不要合并到其他池内，除非两池的幼体是患同一种病。

治疗方法：关键是早发现，早治疗。

1）可用抗生素，按照使用说明泼洒全池。用药方法是先换水 $1/4 \sim 1/2$，然后将所需药物加水搅拌后，均匀泼洒全池，隔 24h 后再换水，再泼药，连泼 3~4 次。

2）病情较重者，特别是对虾幼体消化道内有大量细菌时，应在全池泼药的同时将药物混合于饵料中投喂。可将氟哌酸（按 0.05%~0.1% 的比例）或复方新诺明（按 0.1%~0.2% 的比例）混

入饲料中投喂。

3）把丁香、金银花等中药粉碎至100目，使用前用开水浸泡，并加适量黏合剂，按比例喷洒于对虾颗粒饵料上。用于预防弧菌病，可明显改变对虾机体的免疫水平。

第九节　急性肝胰腺坏死病

【病原】一些携带特定毒力基因 *pir*A 和 *pir*B 的弧菌（V_{AHPND}），常见病原弧菌有副溶血弧菌、哈维氏弧菌、鳗弧菌和欧文斯氏弧菌、坎氏弧菌等。

V_{AHPND} 主要感染幼虾的肝胰腺、胃、肠、鳃等器官，造成肝胰腺上皮细胞细胞核膨大，肝胰腺盲管上皮细胞坏死脱落。

【症状】病虾摄食减少或不摄食，反应迟钝，常有软壳、红须、红尾和断须等表现。肝胰腺颜色变浅或发白，肝胰腺萎缩，出现黑点或黑带，空肠、空胃，腹节肌肉浑浊（图3-9）。严重感染时病虾肠道发红，肠壁变薄，几天后陆续死亡。

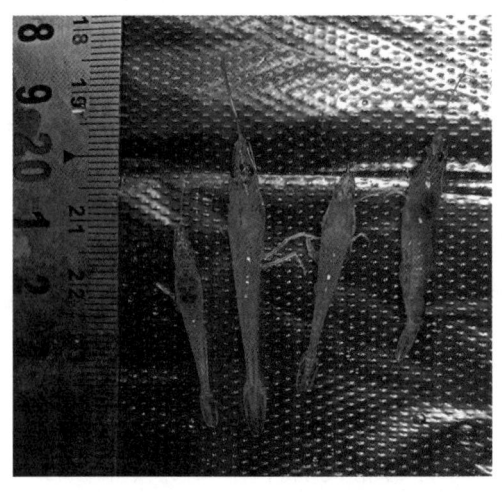

图3-9　南美白对虾急性肝胰腺坏死病

【发病规律】虾类急性肝胰腺坏死病的易感物种包括南美白对虾、斑节对虾、中国对虾、日本囊对虾等。虾苗放养 7~35 天内发生，10~30 天为高发期，常引起急性死亡，死亡率高达 100%，因此该病最早也被称为"早期死亡综合征"。4~7 月是该病的高发期。

V_{AHPND} 传播途径分为水平传播和垂直传播两种。水平传播方式主要是经口感染。垂直传播主要由亲虾传给子虾。

病原菌可能是由与外界水体直接接触的鳃进入虾体内，感染虾的肝胰腺、胃、肠等消化器官，或在肠道定殖后，将毒素释放到肝胰腺。

【诊断方法】

1）观察到肝胰腺颜色变浅、发白，或萎缩、出现黑点，空肠、空胃等急性肝胰腺坏死症的典型特征，可作出初步诊断。

2）对病虾肝胰腺进行划线分离，可在 TCBS 平板上形成大量绿色或黄色菌落，可进一步诊断。

3）确诊需分离病原，采用分子生物学的方法检测 $pirA$ 和 $pirB$ 毒力基因的情况。

【防治方法】虾急性肝胰腺坏死病应该以预防为主。

1）在放养前做好池塘准备和水质处理，选择体质健壮、活力好的虾苗，注意检查虾苗肝胰腺的脂肪油滴和弧菌数量。

2）做好水体消毒，可以使用高浓度的次氯酸钙或其他消毒剂对水体进行彻底的杀菌消毒，通过砂率和过滤的方法阻断水源中的病原生物进入。

3）养殖过程中，pH 保持在 8.0 左右，每 10 天用聚维酮碘溶液对池水泼洒消毒一次。

4）投喂优质饵料，防止过量投喂，以免肝脏负担过重，造成肝脏损伤，残饵、粪便过多致使水质恶化，弧菌大量增殖。

5）发病后，减少投喂，可在饲料中添加有益菌有助于降低疾病的发生率。确诊的病虾、死虾禁止流通和交易，需进行无害化处理。

第十节 对虾卵和幼体的真菌病

【病原】链壶菌属、离壶菌属和海壶菌属的真菌。菌丝有不规则的分枝，不分隔，有许多弯曲，直径为 7.5~40μm（图 3-10）。感染后很快即可充满宿主体内。

【症状】链壶菌、离壶菌和海壶菌都可寄生在虾卵和各期幼体内，引起基本相同的症状和病理变化。受感染的对虾幼体，开始时游泳不活泼，之后下沉于水底、不动，仅附肢或消化道偶然动一下。受感染的卵很快就停止发育。一般在发现疾病后 24h 以内，卵和幼体就大批死亡，已死的宿主体内充满了菌丝 [图 3-10（b）（c）]。

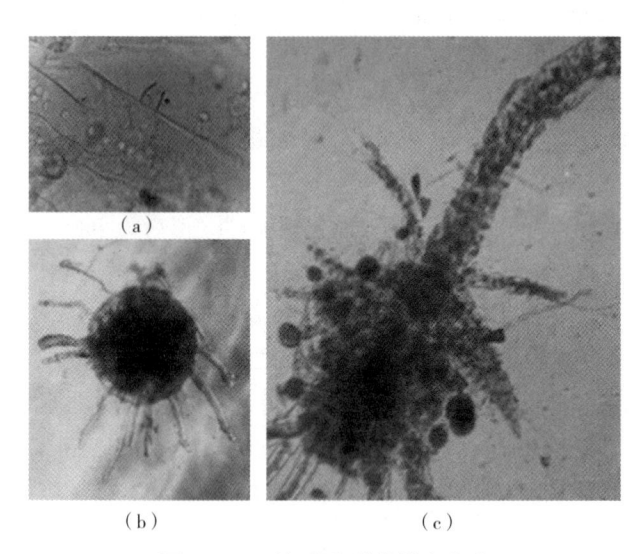

图 3-10 对虾卵和幼体的真菌病
(a) 对虾溞状幼体内的离壶菌菌丝及其伸出体外的排放管，大箭头指排放管 小箭头指菌丝；菌丝内有许多圆球形游动孢子 (b) 感染真菌的对虾卵
(c) 感染真菌对虾溞状幼体

【流行情况】链壶菌、离壶菌和海壶菌在世界各地都发生，养殖

的各种虾、蟹类和其他甲壳类的卵和幼体上都可发现。成体本身并不发病，但可作为带菌者，可将真菌传播给卵和幼体。

对虾的卵和各期幼体都可被感染，但最容易受害是溞状幼体和糠虾幼体，感染率高达100%，受感染的卵和幼体都不能存活。在育苗池中发生疾病后如果不及时治疗，在24~72h内可使全池幼体死亡。

【诊断方法】将卵或游动不活泼的幼体做成水浸片，显微镜检查幼体尤其是头胸甲的边缘和附肢等比较透明的地方，看到明显的菌丝就可以作出初步诊断。确诊需显微镜观察孢子的形成方法和排放管的形态，以鉴定真菌的属名和种名。

【防治方法】
预防措施：
1）育苗前池塘应彻底消毒，特别是已经发生过真菌病的育苗池，再次使用前更应严格消毒。
2）亲虾在产卵前先用亚甲基蓝（2~3mg/L）浸洗24h。
3）进入育苗池的水应先进行砂滤。
4）发病池塘使用过的工具必须消毒以后才能再用于其他池塘。
治疗方法：用制霉菌素（60mg/L）泼洒全池。

第十一节　镰刀菌病

【病原】镰刀菌。从中国对虾上鉴定出的有腐皮镰刀菌、尖孢镰刀菌、三线镰刀菌、禾谷镰刀菌。菌丝呈分枝状，有分隔，因分生孢子呈镰刀形而得名。生殖方法是形成大分生孢子（呈镰刀形，有1~7个隔壁）、小分生孢子（椭圆形或圆形）和厚膜孢子（圆形或长圆形，只在条件不良时产生）（图3-11）。

【症状】镰刀菌寄生在鳃、头胸甲、附肢、体壁和眼球等处的组织内，寄生处有黑色素沉淀而呈黑色。病虾呼吸困难，常浮出水面，行动缓慢，伏在岸边不动，最终导致死亡。病虾鳃部先由微红色变成褐色，最后变为黑色，鳃丝发黑、坏死，因此也称对虾黑鳃病

[图3-11（d）]。显微镜观察到鳃丝内外全部被菌丝附着形成大量黑斑。部分患病虾类的头胸甲、游泳足基部、体节甲壳、尾扇基部出现大量黑斑，严重者黑斑布满全身[图3-11（e）]。

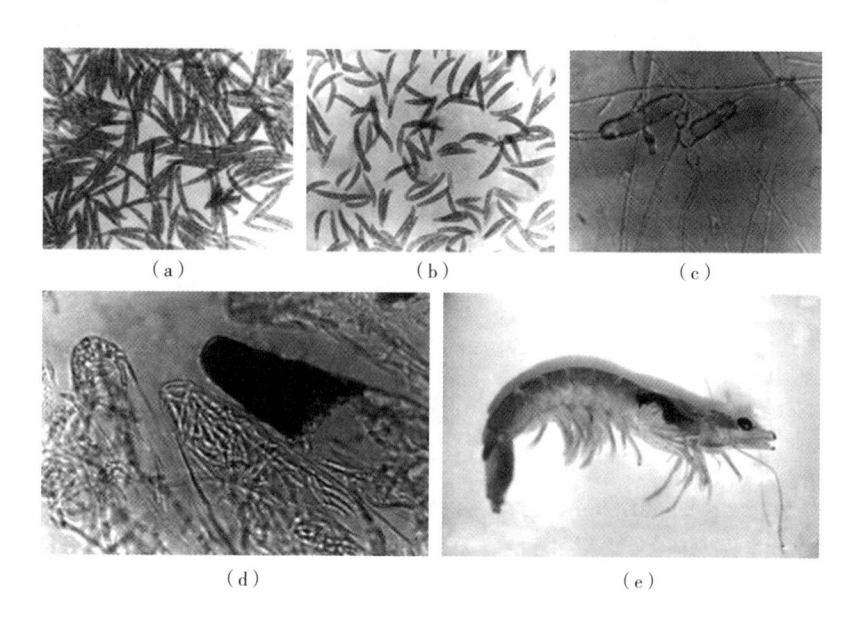

图3-11 对虾镰刀菌病

(a) 禾谷镰刀菌大分生孢子 (b) 三线镰刀菌大分生孢子
(c) 镰刀菌的厚膜孢子 (d) 中国对虾感染镰刀菌的鳃丝，部分鳃丝变黑
(e) 中国对虾镰刀菌病，鳃区甲壳坏死脱落

【流行情况】镰刀菌是甲壳类的重要病原，其宿主的种类和分布的地区很广，在海水和淡水中都存在。此病是一种慢性病，主要发现于越冬亲虾上。

加州对虾对此病最敏感，感染率有时高达100%，死亡率有时高达90%。蓝对虾、万氏对虾、日本对虾和中国对虾等都有发病报道。

镰刀菌为一种典型的机会病原，创伤、摩擦、化学物质、其他生物的伤害或水质恶化等都是本病发生的重要条件和诱因。

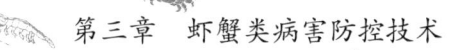

【诊断方法】观察到体表黑斑或黑鳃等症状时,可以作出初步诊断。镰刀菌病的症状有时与褐斑病相近,引起对虾黑鳃症状的原因也有多种,因此确诊必须从病灶处取受损害的组织做成水浸片,在显微镜下检查观察到镰刀形的大分生孢子。

【防治方法】

1)虾苗放养前要对池塘、水体进行消毒。池塘消毒可用生石灰(5~6kg/亩),水体消毒可用漂白粉(0.1~0.3mg/L)。

2)亲虾入池前消毒,注意避免虾体受伤。池水经砂滤后方可引入。

3)本病尚无有效治疗方法,在感染初期,按200万单位/m^3水体使用制霉菌素泼洒全池,可抑制真菌生长,降低死亡率。

第十二节 二尖梅奇酵母病

【病原】二尖梅奇酵母。菌体呈椭圆形,大小为(0.1~1.6)μm×(1.6~3.0)μm,不能运动,以多边芽殖的方式繁殖(图3-12)。二尖梅奇酵母具有较强的环境适应能力,在温度5~37℃,盐度0~60和pH 2~10的条件下均可以生长,在普通营养琼脂培养基和虎红培养基上生长良好,形成圆形、边缘光滑、中间隆起的白色菌落。

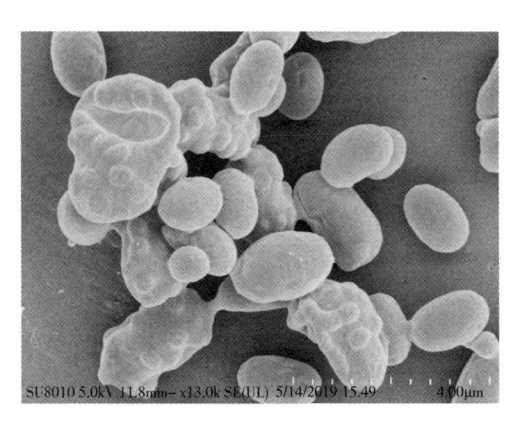

图3-12 二尖梅奇酵母在扫描电镜下的形态

【症状】感染二尖梅奇酵母后，病蟹头胸甲中蓄积大量"牛奶"状液体，故称"牛奶病"。感染初期，河蟹无肉眼可见的临床症状，但可从胸甲腔积液或附近组织中用显微镜检查或分离到酵母。随着病情发展，河蟹头胸甲腔内出现少量肉眼可见的"牛奶"状液体，但此时河蟹仍无明显临床症状［图3-13（a）］。随后，可见头胸甲腔中的"牛奶"状液体增多，鳃组织浑浊、变白，肌肉组织及肝胰腺组织浑浊、乳化甚至完全液化解体，头胸甲腔内充满"牛奶"状液体［图3-13（b）］。随着体内液体蓄积增多，病蟹活力减弱，摄食减少，出现爬草头等现象，最后极度衰弱、死亡。

图3-13 河蟹二尖梅奇酵母病
左，患病初期，头胸甲腔中开始出现牛奶状液体；
右，末期，头胸甲腔中蓄积大量液体。

【发病规律】河蟹"牛奶病"最早见于2018年秋盘锦地区的扣蟹和成蟹，2019年开始呈暴发性流行，目前已成为我国北方地区河蟹养殖中最常见、最重要、造成损失最大的疾病。本病传染性很强，感染率可达30%左右，病死率很高，严重时可达100%。目前，此病正向南方河蟹养殖区扩散，江苏和安徽部分河蟹养殖地区在2022年已有此病发生。

病蟹、死蟹和污染的底泥、水体是本病重要的传染源。河蟹规

格大小与疾病发生关系不大，扣蟹、成蟹皆可感染发病。该病主要秋冬低水温期流行，一般在秋季扣蟹冬储开始时可见到病蟹，越冬后病蟹显著增多。冬储收购和分蟹操作损伤，以及越冬期营养不足，抵抗力下降都可能是本病传播和扩散的重要诱因。

【诊断方法】"牛奶"状液体蓄积为本病的主要特征，确诊需要进行病原分离和鉴定，临床诊断要点如下。

1）检查病蟹头胸甲腔中出现"牛奶"状液体蓄积即可作出初步诊断。

2）取病蟹头胸甲腔中蓄积的液体，制作水封片，显微镜下检查见大量椭圆形，有出芽现象的菌体即可确诊。必要时可分离真菌进行鉴定。

【防治方法】目前尚无有效的治疗方法。

1）放养前彻底清淤、生石灰彻底消毒，减少环境中的病原体。

2）加强苗种检查，不放养带病苗种。

3）扣蟹收购和冬储规范操作，减少损伤，越冬前强化投饵，缩短越冬期有助于预防本病的发生。

4）目前尚无药物可用于治疗。发病后应及时捞出病蟹和死蟹，减缓疾病的扩散。

第十三节　微孢子虫病

【病原】寄生在对虾上的微孢子虫微粒子虫、匹里虫和八孢虫的一些种类，寄生在海蟹中的微孢子虫主要是微粒子虫和匹里虫的一些种类。微孢子虫大多呈椭圆形或卵圆形，体积较小，大小（虫体轴长）一般在 $1\sim10\mu m$。

【症状】大多数微孢子虫主要感染对虾横纹肌，使肌肉变白混浊，不透明，失去弹性，也称乳白虾或棉花虾。对虾八孢虫主要感染卵巢，使卵巢肿胀、变白色、浑浊不透明，在鳃和皮下组织中出现许多白色瘤状肿块。墨吉明对虾感染八孢虫后头胸部内的卵巢呈

桔红色。对虾感染匹里虫后表皮呈蓝黑色。

患微孢子虫病的海蟹不能正常洄游,在环境不良时容易死亡。被感染处的肌肉变白色,混浊不透明。因蟹类的甲壳较厚,隔着甲壳不易看清内部肌肉的颜色,但在附肢关节处的肌肉变为浑浊白色,比较容易看到。

【流行情况】微孢子虫病已在我国山东、广东和广西发现,养殖和野生对虾都有发生。池塘养殖的墨吉明对虾和长毛对虾常患八孢虫病,但往往为慢性型,病虾逐渐消瘦、死亡。

此病的传播途径还不是很清楚,一般认为健康虾或蟹捕食了病虾病蟹而受感染。各种海蟹都可能发生微孢子虫感染。

【诊断方法】从上述的外观症状可以作出初步诊断。但病毒性疾病、细菌性疾病和肌肉坏死病等,也可使对虾肌肉变白。确诊时必须取变白的组织做成涂片或水浸片,在高倍显微镜下能看到孢子及其孢子母细胞,就可确诊。

【防治方法】此病尚无治疗方法,主要应加强预防,发现受感染的虾或已病死的虾时,应立即捞出并销毁,防止被健康的虾吞食,或死虾上的微孢子虫的孢子散落在水中,扩大传播。养虾池在放养前应彻底清淤,并用含氯消毒剂或生石灰彻底消毒,对有发病史的池塘更应严格消毒。

第十四节　肝肠胞虫病

【病原】肝肠胞虫。其孢子呈椭圆形、梨形、棍棒形、球形,大小约 $0.9\mu m \times 1.8\mu m$。成熟孢子具有孢壁、吸盘、极管、极体、细胞核、后极泡等结构。当环境条件恶化时,能形成由甲壳素和蛋白质组成的厚壁休眠孢子,一般药物无法杀死。虾肝肠胞虫易感染幼虾或成虾的肝胰腺、鳃、肠、心脏、肌肉、血淋巴等。

【症状】患病病虾生长缓慢或停滞,但不会直接导致对虾死亡,由于感染程度不同,对虾个体大小差异显著,体长差异2倍以上,体

重差异可达到3倍左右。剖检检查可见肝胰腺萎缩、发软，颜色变深，肌肉失去弹性，呈浑浊不透明的棉絮状，鳃丝肿大、发黄（图3-14）。

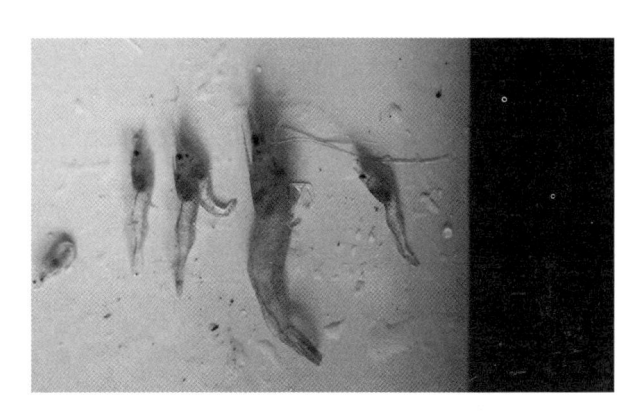

图3-14 南美白对虾肝肠胞虫病

【流行特点】肝肠胞虫的易感物种包括南美白对虾、斑节对虾等。不同规格大小的虾都可被感染发病。本病的感染与水温有关，水温为24~31℃时感染率最高。

传播途径分为水平传播和垂直传播两种。水平传播方式主要通过携带该病原的对虾粪便污染养殖水体、对虾饲料（饵料），使该病原在对虾群体中快速传播，也可以由亲虾垂直传播给仔虾。

【诊断方法】在临床上见到病虾个体大小不一、肝胰腺萎缩、肌肉呈不透明白浊状时，可作出初步诊断。确诊需采集疑似病虾，使用特异引物进行分子生物学诊断。

【防治方法】肝肠胞虫病应该以预防为主。

1）彻底清塘、清淤，对养殖池、工具、设施等进行严格消毒处理。

2）选用健康苗种，放养前进行肝肠胞虫检测，避免带病养虾。

3）养殖池塘可通过投喂、排放管理，及时排污清除虾粪便，设置"虾厕"等方式分离虾类粪便，降低粪便污染对虾饲料和水体的风险。

4）发病后，加强虾粪便清除管理，可以每日多次排污补水。病虾、死虾禁止用于生产、流通和交易，要进行无害化处理。

第十五节　固着类纤毛虫病

【病原】单缩虫、聚缩虫、累枝虫和钟虫等。虫体构造大致相同,都呈倒钟罩形,前端有口盘、口盘的边缘有纤毛,后端有柄。体内有1个带状大核,大核旁边有1个球形小核。有1个伸缩泡,一般位于虫体前部。有些种类的柄呈树枝状分支;有些种类的柄内有柄肌,使柄能伸缩,无柄肌的种类,其柄不能伸缩(图3-15)。虫体利用柄的基部附着在虾蟹的卵、体表、附肢等部位,可降低虾卵的孵化率和成活率,造成虾蜕壳困难而死亡。

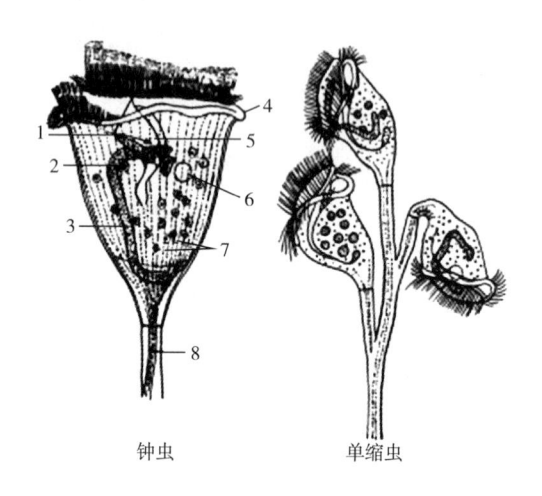

图3-15　固着类纤毛虫的基本构造
1—前庭　2—小核　3—大核　4—口盘边缘
5—波动膜　6—伸缩泡　7—原纤维　8—柄肌

【症状】固着类纤毛虫以宿主的体表和鳃作为生活的基地,但并不直接侵入宿主的器官或组织,因此不是寄生虫而是共栖动物。数量不多时,危害也不严重,可在宿主蜕皮时就随之蜕掉,但数量很多时,危害就非常严重。

第三章　虾蟹类病害防控技术

对虾的体表和附肢的甲壳上和成虾的鳃甚至眼睛上都可被附生，在体表大量附生时，肉眼看可见一层灰黑色绒毛状物（图3-16）。感染严重时，鳃部变黑，易发生窒息死亡。患病的成虾或幼体，游动缓慢，摄食能力降低，生长发育停止，不能蜕皮，引起宿主的大批死亡。

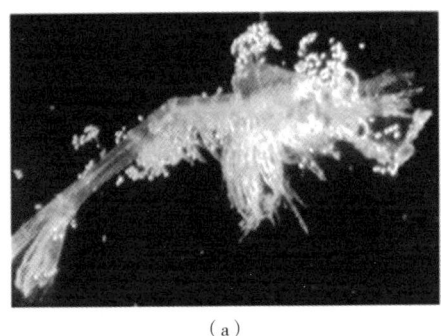

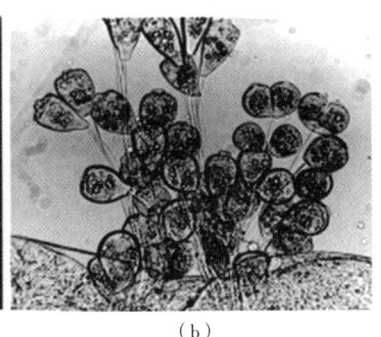

（a）　　　　　　　　　　　（b）

图3-16　对虾聚缩虫病
（a）体表布满聚缩虫的糠虾幼体呈绒毛状　（b）对虾体表聚集的聚缩虫

附生数量较多时，河蟹体表包裹一层薄的絮状物，运动、摄食、呼吸和蜕壳都受到影响。严重时整个河蟹完全被絮状物包裹，似长毛一般，故名"长毛蟹"（图3-17），病蟹体呼吸困难，行动迟缓无力，生长发育迟缓，运动和摄食困难，不能蜕壳，最终死亡。

图3-17　河蟹聚缩虫病

【流行情况】固着类纤毛虫的分布是世界性的，在我国沿海各地区的对虾养殖场和育苗场中都经常发生，不同大小规格都可发病，对幼体危害严重。在受伤、应激等条件下，虾特别容易感染该病。

固着类纤毛虫类可随产卵亲虾或水进入产卵池和育苗池，也可能在投喂卤虫卵时被带入育苗池。在盐度较低的池水中容易大量繁殖，在池底污泥多、投饵量过大、水体交换不良、水中有机质含量多时极易暴发。

【诊断方法】从外观症状基本可以作出初步诊断，但确诊必须剪取一点鳃丝或从虾体刮取一些附着物做成水浸片，在显微镜下看到虫体。患病幼体可用整体做水浸片进行镜检。

【防治方法】

预防措施。

1）保持水质清洁是最有效的预防措施。在放养以前尽量清除池底污物，用生石灰清塘消毒；放养后经常换水；适量投饵，尽可能避免过多的残饵沉积在水底。

2）育苗用水除可采取严格的砂滤和网滤外，还可用 10~20mg/L 的漂白粉处理，处理一天后即可正常使用。

3）卤虫卵用 300mg/L 的漂白粉，消毒处理 1h，冲洗干净后入池孵化。育苗期投喂卤虫幼虫时，可先镜检，发现有固着类纤毛虫附生时，可用 50~60℃的热水将卤虫浸泡 5min 左右，杀死纤毛虫后再投喂。

4）投喂的饲料要营养丰富，数量适宜；尽量创造优良的环境条件，如经常换水，改善水质，控制适宜的水温等，以加速虾蟹的生长发育，促使其及时蜕皮。

5）做好芽虾及虾苗的检验检疫工作，防止病原进入产卵池及育苗池。

治疗方法。

如果虾蟹或其幼体上共栖的纤毛虫数量不多时，按上述预防措施促使其生长发育和蜕皮，就会自然痊愈。如果固着类纤毛虫数量

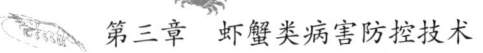

很多时,就应及时治疗。

1)养成期疾病的治疗:可用茶粕(茶籽饼)泼洒全池,浓度为 10~15mg/L。茶粕中含有 10% 的皂角苷,可以促进虾蟹蜕皮。待虾蟹蜕皮后,大量换水。此法效果较好。

2)亲虾越冬期疾病的治疗:可用福尔马林(25mg/L)浸洗病虾 24h。

3)对于虾蟹幼体的固着类纤毛虫病除了改善饵料、加大换水量、调整好适宜水温促进幼体蜕皮外尚无理想的治疗方法。

第十六节 拟阿脑虫病

【病原】蟹栖拟阿脑虫。虫体呈葵花籽形,前端尖,后端钝圆,最宽处在后 1/3 处。虫体大小与营养有密切关系,平均大小为 46.9μm×14.0μm。全身具 11~12 条纤毛线,具均匀一致的纤毛,后端正中有 1 条较长的尾毛,尾毛基部附近有 1 个伸缩泡。大核呈椭圆形,位于体中部。小核呈球形,位于大核左下方或嵌入大核内(图3-18)。

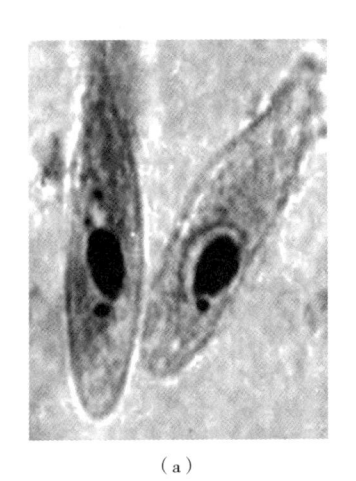

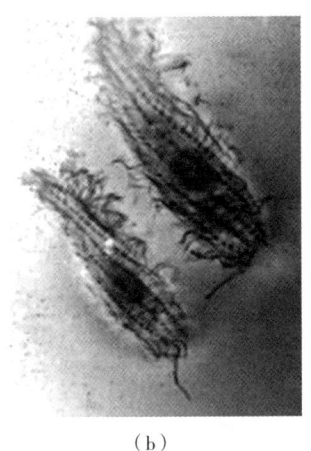

(a) (b)

图 3-18 对虾拟阿脑虫病

(a)弗尔根染色显示大核、小核 (b)蛋白银染色显示体表纤毛及尾毛

拟阿脑虫对环境的适应力很强，但不耐高温，生活水温范围为0~25℃，最适繁殖温度在10℃左右；生长繁殖的盐度范围为0.006~0.05，pH 为 5~11。以二分裂和接合生殖方式进行繁殖。

【症状】病虾外观无特有症状，仅额剑、第二触角及其鳞片的前缘、尾扇的后缘、尾节末端和其他附肢等处均有不同程度的创伤。在疾病的晚期，血淋巴中充满了大量虫体，使血淋巴呈浑浊的淡白色，失去凝固性，最终造成病虾呼吸困难，窒息死亡。

【流行情况】拟阿脑虫目前仅发现在越冬亲虾上，并成为越冬亲虾危害最严重的一种疾病。发病期一般从 12 月上旬开始，一直延续至 3 月亲虾产卵前。感染率和死亡率可高达 100%，死亡高峰在 1 月。

拟阿脑虫最初是从伤口侵入虾体，达到血淋巴后迅速大量繁殖，并随着血淋巴的循环，达到全身各器官组织。此虫传入越冬池的途径可能是随水源、鲜活饵料和亲虾进入的。

【诊断方法】感染初期的病虾诊断时，要从伤口刮取溃烂的组织，在显微镜下找到虫体，不过应注意伤口内的纤毛虫可能有几种，应仔细鉴别。在感染的中、后期，从头胸甲后缘与腹部连接处吸取血淋巴并在显微镜下观察，看到大量拟阿脑虫在血淋巴中游动即可确诊。

【防治方法】
预防措施。

1）亲虾在放入越冬池前，先用淡水浸洗 3~5min，或用 300mg/L 的福尔马林浸洗 3min。

2）在亲虾的捕捉、选择和运送时要细心操作，严防亲虾受伤。亲虾入池后要注意遮光，防止亲虾见光后跳跃受伤。

3）越冬池进水时应严格过滤；鲜活饵料应先放入淡水中浸洗 10min 再投喂。

4）病死的或濒死的虾应立即捞出，防止虫体从死虾逸出，扩大感染。

5）应每天清除池底残饵。

治疗方法。

在疾病的初期，即虫体仅存在于伤口浅处时尚可治愈；当寄生虫已在血淋巴中大量繁殖时，则无有效的治疗方法。

1) 用淡水浸洗病虾 3~5min。
2) 用福尔马林（25mg/L）泼洒全池，12h 后换水。

第十七节 虾疣虫病

【病原】等足目中的一些寄生种类，俗称为虾疣虫或鳃虱。雌雄异体，雌体略呈椭圆形或圆形；雄体呈长柱状，较雌体小得多，附着于雌体腹部，共同寄生于虾的鳃腔中（图3-19）。

【症状】从外表可看到对虾头胸甲一侧或两侧鳃区鼓起，形成膨大的"疣肿"，"疣肿"直径在10mm以上，高度为3~5mm。由于虫体的寄生可使虾鳃受到挤压和损伤，影响对虾的呼吸。有的引起生殖腺发育不良，甚至完全萎缩，使虾体失去繁殖能力。

【流行情况】广西、广东沿海的野生和养殖短沟对虾、新对虾和辽宁地区养殖的中华小长臂虾中都有发现该类寄生虫，感染率在2%左右。养殖的中国对虾中未发现此病。

【诊断方法】发现虾的鳃区隆起时，将甲壳掀起，如看到虾疣虫，即可诊断。

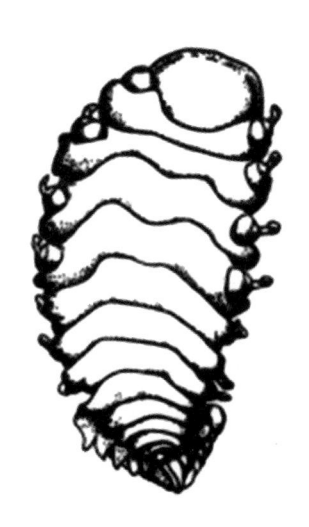

图3-19　虾疣虫（♀）

【防治方法】未有相关研究。

第十八节 蟹奴病

【病原】网纹蟹奴、蚶蟹奴等种类。蟹奴的形态高度特化，完全失去了甲壳类的特征。

蟹奴为雌雄同体。露在宿主体外的部分呈囊状，以小柄系于宿主蟹腹部基部的腹面，所以也叫作蟹荷包。体内充满了雌雄两性的生殖器官。其他器官包括体外的所有附肢均已完全退化。伸入宿主体内的部分为分枝状突起，遍布于宿主全身各器官组织，包括附肢末端都有分布。蟹奴就用这些突起吸收宿主体内的营养。

蟹奴的生活史与其他甲壳类颇相似。成虫产的卵孵化出无节幼体，经4次蜕皮后到第五幼虫期，与自由生活的介虫相似，故称介虫幼虫。介虫幼虫遇到适宜的宿主蟹时就用第一触角附着上去。游泳足和肌肉从两瓣的背甲之间脱落，仅剩下一团未分化的细胞，形成一个注射器样结构的独特幼虫，叫作藤壶幼虫。藤壶幼虫用其尖细的前端从宿主刚毛的基部或其他角质层薄而脆弱的地方穿入，将体内的细胞团注射入宿主体内，逐渐生长形成遍布宿主全身各器官组织的分枝状突起（图3-20）。

【症状】蟹奴病的外部症状主要是附着在腹部腹面的囊状部分。蟹奴的囊状部分外露以后，宿主就不能再蜕皮，严重阻碍了宿主蟹的生长发育。病蟹生殖腺发育缓慢或完全萎缩，雄性感染后表现雌性化，雌、雄蟹的第二性征区别不明显。

【流行情况】蟹奴类在世界上分布的地区很广泛，种类也多，能侵害许多种蟹类，有时感染率比较高，但都是危害天然种群。在养殖的蟹中尚未见到报道。

【诊断方法】掀开蟹的腹部，肉眼就可看到蟹奴。

【防治方法】未进行研究。

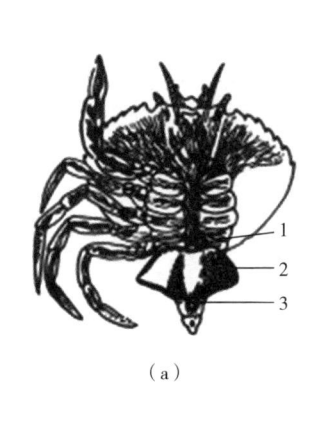

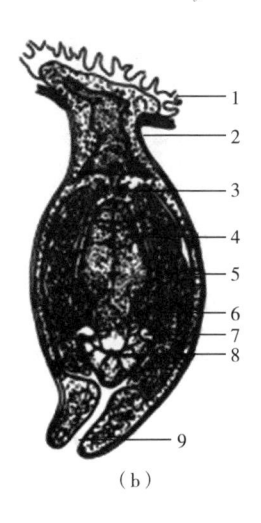

图 3-20 蟹奴

（a）感染蟹奴的黄道蟹：1—蟹奴的柄　2—蟹奴　3—外套腔开口
（b）蟹奴最宽处的切面：1—根状突起的基部　2—柄　3—精巢　4—卵巢　5—外套腔中的卵　6—黏液腺（开口于腔内）　7—输卵管腔　8—神经节　9—外套腔的开孔

第十九节　维生素 C 缺乏症

【病因】饲料中维生素 C（抗坏血酸）缺乏或不足。虾不能在体内自行合成维生素 C，必须从食物中获得。维生素 C 性质极不稳定，易受水分、空气、光、热以及化学药物的破坏，在饲料的加工和贮藏过程中很容易损耗，导致维生素 C 缺乏。池水内没有任何藻类时，易发生此病。

【症状】缺乏维生素 C 的病虾的腹部、头胸甲和附肢的甲壳素层下面，尤其关节处或关节附近、鳃以及前肠和后肠的壁上出现黑斑（图 3-21）。病虾通常厌食，且腹部肌肉不透明。一般在晚期继发性感染细菌性败血症。

【流行情况】长期投喂维生素 C 缺乏或含量不足的人工配合饲

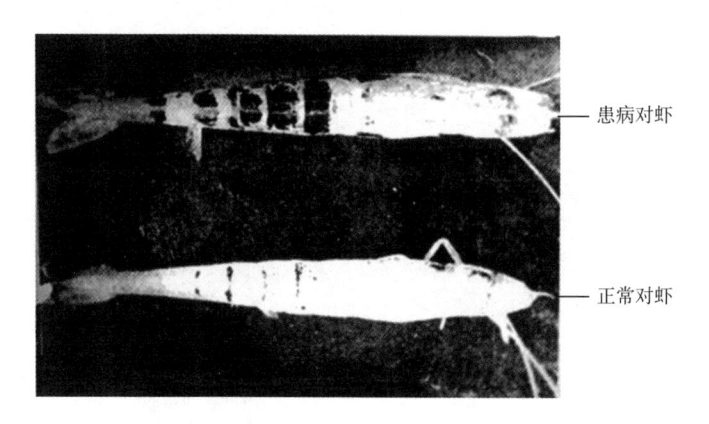

图 3-21 维生素 C 缺乏的症状

料,养虾池中又没有藻类存在时,各种对虾都有可能发生此病。加州对虾、褐对虾、日本对虾和蓝对虾的幼体易发生此病。

【诊断方法】根据虾体表症状可作初步诊断,但确诊时还应了解投喂的饲料情况,并作组织检查,特别检查关节附近的表皮、前肠和后肠的肠壁、眼柄和鳃。

【防治方法】

1)人工配合饲料中应含有 0.1%~0.2% 的维生素 C,可以防止此病的发生和发展,症状较轻的可以治疗,但症状已很明显的虾就不能恢复。

维生素 C 添加到饲料中的方法一般是将每 100mL 水中溶解 4mL 维生素 C,再均匀喷洒到定量的饲料中,阴干 0.5h 左右。之后在每 100kg 饲料上喷洒植物油(豆油、花生油等)1~2kg,等油被吸入后就可投喂。喷洒植物油的作用一方面是在饲料表面形成一层油膜,保护维生素 C 不溶于水,另一方面可补充饲料中的固醇类和不饱和脂肪酸的含量。

2)适当投喂一些新鲜藻类。因为新鲜藻类中含有较多的维生素 C。但要防止藻类在养虾池中大量繁殖,形成危害。

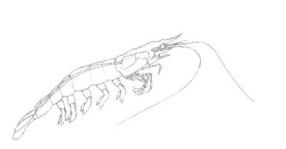

第二十节　浮头与泛池

【病因】浮头和泛池的定义及其发生的原因与鱼类的浮头和泛池相同。对虾对于最低溶解氧的忍受限度与虾的健康状况有关，健康对虾一般为1mg/L，但是患聚缩虫病的虾在水中溶解氧为2.6~3mg/L时就可窒息而死。

【症状】对虾浮头和鱼类一样，浮在水面，但不像鱼类浮头时那样明显地张口吐气。急性缺氧时，对虾会在水面剧烈跳动，很快死亡，沉于池底。

【流行情况】对虾的浮头和泛池主要发生在8~9月，因为这时水温较高，虾池中的残饵和粪便等有机物质沉积较多。在天气闷热无风，水体交换不良，对虾放养密度过大时易发生。一般在半夜至天亮以前的时间内多见。

【诊断方法】发现大批的虾浮于水面，基本就可断定是缺氧浮头，必要时可测定池水溶氧量。

【防治方法】

预防措施：我国的养虾池面积一般都很大，一旦发生浮头和泛池后，抢救十分困难。因此应以预防为重点。主要措施如下。

1) 放养前应彻底清除池底淤泥，最好在清淤后再翻耕曝晒，促进有机质的分解。

2) 放养密度切勿过量。

3) 投饵要适宜，尽量避免过多的残饵沉积池底。

4) 定期适量换水，保持优良的水色，在7月下旬至9月应增加换水量，并缩短换水的间隔时间。

5) 每天傍晚测氧，发现溶氧量降至2mg/L以下时，就应加注新水或换水。

6) 设立增氧机，定时开机增加池水中的溶氧量。

7) 定期巡视虾池，发现浮头现象时立即抢救。

治疗方法：发现浮头后最好的急救办法是灌注新水。要注意避免搅起池底。因为在浮头时，表层水中的溶解氧还勉强维持虾的生存，越向下层溶氧越缺，此时如果操作不当，将底层水搅起与表层水混合，将促进对虾更快死亡。

参考文献

[1] 堵南山. 甲壳动物学（上）[M]. 北京：科学出版社，1987.
[2] 堵南山. 甲壳动物学（下）[M]. 北京：科学出版社，1993.
[3] 戴爱云，等. 中国海洋蟹类 [M]. 北京：海洋出版社，1986.
[4] 薛俊增，堵南山. 甲壳动物学 [M]. 上海：上海教育出版社，2009.
[5] 王克行. 虾蟹类增养殖学 [M]. 北京：中国农业出版社，1997.
[6] 姜志强等. 水生观赏动物学 [M]. 北京：中国农业出版社，2016.
[7] John F, Wickins, Daniel Oa C Lee. Crustacean Farming：Ranching and Culture, second edition [M]. Blackwell Science, 2002.
[8] Ricardo Calado. Marine Ornamental Shrimp [M]. Wiley-Blackwell, 2008.
[9] Schram F R. Crustacea [M]. New York：Oxford University Press, 1986.
[10] 薛俊增，堵南山. 甲壳动物学 [M]. 上海：上海教育出版社，2009.
[11] 姜玉声. 辽宁沿海虾蟹类与增养殖 [M]. 沈阳：辽宁科学技术出版社，2015.
[12] 丁君，韩雨哲. 鱼类和甲壳动物健康养殖技术与模式 [M]. 大连：大连海事大学出版社，2023.
[13] 农业农村部渔业渔政管理局，全国水产技术推广总站，中国水产学会. 中国渔业统计年鉴 [M]. 中国农业出版社，2022.
[14] 农业农村部渔业渔政管理局，全国水产技术推广总站，中国水产学会. 2023中国渔业统计年鉴 [M]. 北京：中国农业出版

社，2023.

[15] 梁华芳. 甲壳动物增养殖学［M］. 北京：中国农业出版社，2023.

[16] 战文斌. 水产动物病害学［M］. 北京：中国农业出版社，2016.

[17] 叶仕根. 水产动物疾病的临床诊断与防治方法［M］. 南京：江苏凤凰科学技术出版社，2022.